上海市工程建设规范

外墙保温一体化系统应用技术标准
（预制混凝土反打保温外墙）

Technical standard for external wall insulation integrated system
（prefabricated concrete reverse thermal insulation external wall）

DG/TJ 08—2433A—2023
J 17040—2023

主编单位：同济大学
　　　　　上海市建筑科学研究院有限公司
批准部门：上海市住房和城乡建设管理委员会
施行日期：2023 年 10 月 1 日

同济大学出版社

2023　上海

图书在版编目(CIP)数据

外墙保温一体化系统应用技术标准. 预制混凝土反打保温外墙 / 同济大学,上海市建筑科学研究院有限公司主编. —上海:同济大学出版社,2023.9
ISBN 978-7-5765-0734-8

Ⅰ. ①外… Ⅱ. ①同…②上… Ⅲ. ①建筑物—外墙—保温—技术标准—上海 Ⅳ. ①TU55-65

中国国家版本馆 CIP 数据核字(2023)第 152650 号

外墙保温一体化系统应用技术标准
(预制混凝土反打保温外墙)

同济大学
上海市建筑科学研究院有限公司   主编

责任编辑　朱　勇
责任校对　徐春莲
封面设计　陈益平

出版发行　同济大学出版社　　www. tongjipress. com. cn
　　　　　(地址:上海市四平路 1239 号　邮编:200092　电话:021-65985622)
经　　销　全国各地新华书店
印　　刷　浦江求真印务有限公司
开　　本　889mm×1194mm　1/32
印　　张　3.625
字　　数　97 000
版　　次　2023 年 9 月第 1 版
印　　次　2023 年 9 月第 1 次印刷
书　　号　ISBN 978-7-5765-0734-8
定　　价　40.00 元

上海市住房和城乡建设管理委员会文件

沪建标定〔2023〕349号

上海市住房和城乡建设管理委员会关于批准《外墙保温一体化系统应用技术标准(预制混凝土反打保温外墙)》为上海市工程建设规范的通知

各有关单位：

由同济大学和上海市建筑科学研究院有限公司主编的《外墙保温一体化系统应用技术标准(预制混凝土反打保温外墙)》，经我委审核，现批准为上海市工程建设规范，统一编号为 DG/TJ 08—2433A—2023，自 2023 年 10 月 1 日起实施。

本标准由上海市住房和城乡建设管理委员会负责管理，同济大学负责解释。

上海市住房和城乡建设管理委员会

2023 年 7 月 11 日

前　言

　　根据上海市住房和城乡建设管理委员会《关于印发〈2022 年上海市工程建设规范、建筑标准设计编制计划〉的通知》（沪建标定〔2021〕829 号）的要求，同济大学、上海市建筑科学研究院有限公司会同有关单位编制了本标准。

　　本标准的主要内容有：总则；术语和符号；基本规定；系统和组成材料；设计；制作与运输；施工；质量验收。

　　各单位及相关人员在执行本标准过程中，请注意总结经验和积累资料，并将有关意见和建议反馈至上海市住房和城乡建设管理委员会（地址：上海市大沽路 100 号；邮编：200003；E-mail：shjsbzgl@163.com），《外墙保温一体化系统应用技术标准（预制混凝土反打保温外墙）》编制组（地址：上海市申富路 568 号 2 号楼 201 室；邮编：201100；E-mail：chenning@sribs.com.cn），上海市建筑建材业市场管理总站（地址：上海市小木桥路 683 号；邮编：200032；E-mail：shgcbz@163.com），以供今后修订时参考。

　　主　编　单　位：同济大学

　　　　　　　　　　上海市建筑科学研究院有限公司

　　参　编　单　位：上海天华建筑设计有限公司

　　　　　　　　　　上海兴邦建筑技术有限公司

　　　　　　　　　　上海城建物资有限公司

　　　　　　　　　　上海建工一建集团有限公司

　　　　　　　　　　上海中森建筑与工程设计顾问有限公司

　　　　　　　　　　上海建科检验有限公司

　　　　　　　　　　上海建工建材科技集团股份有限公司

　　　　　　　　　　上海福铁龙住宅工业发展有限公司

上海家树建设集团有限公司
国检测试控股集团上海有限公司
珠海华发实业股份有限公司
上海城建预制构件有限公司
上海圣奎塑业有限公司

参 加 单 位:沪誉建筑科技(上海)有限公司
享城科建(北京)科技发展有限公司
宁波卫山多宝建材有限公司

主 要 起 草 人:苏宇峰　陈　宁　程才渊　赵立群　丁　纯
王　俊　白燕峰　朱永明　朱　刚　李新华
董庆广　岳　鹏　曹毅然　刘甲龙　林虹柏
徐　颖　宋　刚　丁安磊　吴迎春　秦爱琴
章国森　张　立　许奎山　赵　辉　王　娟
刘丙强　吴姝娴　沈　俊　曹　君　徐　超
梅文琦　顾学晨　王亚军　季　良　陈发青
吴　琼　林波挺

主 要 审 查 人:王宝海　徐　强　车学娅　周海波　沈孝庭
钟伟荣　赵海燕　黄佳俊　周依杰

上海市建筑建材业市场管理总站

目 次

Contents

1 总　则

1.0.1　为规范外墙保温一体化系统(预制混凝土反打保温外墙)的设计、制作与运输、施工及质量验收,做到安全适用、技术先进、确保质量、保护环境,制定本标准。

1.0.2　本标准适用于房屋建筑采用外墙保温一体化系统(预制混凝土反打保温外墙)的设计、制作与运输、施工及质量验收。

1.0.3　外墙保温一体化系统(预制混凝土反打保温外墙)在工程中的应用,除应执行本标准外,尚应符合国家、行业和本市现行有关标准的规定。

2 术语和符号

2.1 术 语

2.1.1 外墙保温一体化系统（预制混凝土反打保温外墙）external wall insulation integrated system（prefabricated concrete reverse thermal insulation external wall）

由预制混凝土反打保温外墙板和防护层组成的外墙保温一体化系统。简称预制反打保温外墙系统。

2.1.2 预制混凝土反打保温外墙板 prefabricated concrete reverse thermal insulation external wall

在工厂将保温板预先铺贴在预制混凝土构件生产钢模内，安装锚固件，放置钢筋骨架后，浇筑混凝土成型，使保温板、锚固件与混凝土基层墙体预制成为一体化的保温复合外墙板。简称预制反打保温墙板。

2.1.3 保温板 insulation layer

具有增强构造的单一材质的保温材料，是预制反打保温墙板的组成部分，在预制反打保温外墙系统中起到保温隔热作用。

2.1.4 锚固件 anchor

在预制反打保温墙板中连接保温板与混凝土的、主要由圆盘与杆身构成的不锈钢固定件。

2.1.5 防护层 rendering system

抹面层和饰面层的总称。

2.1.6 抹面层 rendering

抹面胶浆抹在保温板上，中间夹有耐碱玻璃纤维网布，保护保温板并起防裂、防水、抗冲击等作用的构造层。

2.1.7 抹面胶浆 rendering coat mortar

由水泥基胶凝材料、高分子聚合物材料以及填料和添加剂等组成,具有一定变形能力和良好粘结性能,与玻璃纤维网布共同组成抹面层的聚合物水泥砂浆。

2.1.8 玻璃纤维网布 glassfiber mesh

表面经高分子材料涂覆处理的、具有耐碱性能的网格状玻璃纤维织物,作为增强材料内置于抹面胶浆中,用以提高抹面层的抗裂性和抗冲击性,简称玻纤网。

2.1.9 饰面层 finish coat

现浇保温外墙系统的涂料装饰层。

2.2 符 号

2.2.1 热工设计

λ——保温板导热系数;

α——保温板热工计算时的修正系数;

S——保温板蓄热系数。

2.2.2 结构设计

γ_0——结构重要性系数;

γ_{RE}——连接节点承载力抗震调整系数;

R_t——锚固件与保温板反向拉拔承载力设计值;

R_c——锚固件与保温板局部承压承载力设计值;

R_d——锚固件与混凝土抗拔承载力设计值;

R_p——锚固件尾盘抗拉承载力设计值;

γ_t——锚固件与保温板反向拉拔承载力分项系数;

γ_c——锚固件与保温板局部承压承载力分项系数;

γ_d——锚固件与混凝土抗拔承载力分项系数;

γ_p——锚固件尾盘抗拉承载力分项系数;

R_{tm}——锚固件与保温板反向拉拔承载力检验值;

R_{cm}——锚固件与保温板局部承压承载力检验值；

R_{dm}——锚固件与混凝土抗拔承载力检验值；

R_{pm}——锚固件尾盘抗拉承载力检验值；

S——基本组合的效应设计值；

γ_G——永久荷载分项系数；

γ_w——风荷载分项系数；

γ_{Eh}——水平地震作用分项系数；

γ_{Ev}——竖向地震作用分项系数；

ψ_w——风荷载组合系数；

β_E——动力放大系数；

α_{max}——水平地震影响系数最大值。

3 基本规定

3.0.1 预制反打保温外墙系统应根据建筑结构类型和建筑外墙的设计要求,并应结合预制构件的制作工艺、运输、施工条件以及维护方式等因素确定。

3.0.2 预制反打保温外墙系统应与外墙装饰一体化设计,并应与附设在外墙的设备及管线协调。

3.0.3 预制反打保温外墙系统的设计、制作、施工等环节应采用建筑信息模型(BIM)技术。

3.0.4 预制反打保温墙板的设计工作年限应与主体结构相协调。锚固件的耐久性应满足设计工作年限的要求。接缝密封材料应在工作年限内定期检查、维护或更新,维护或更新周期应与其使用寿命相匹配。

3.0.5 抹面层的设计厚度应不大于 8 mm,且不应少于 2 道施工。

3.0.6 饰面层应采用涂料饰面。

3.0.7 预制反打保温外墙系统应采用定型产品或成套技术,并应具备同一供应商提供的配套的组成材料和型式检验报告。系统所有组成材料应彼此相容。型式检验报告应包括组成材料的名称、生产单位、规格型号、主要性能参数。

4 系统和组成材料

4.1 预制反打保温外墙系统

4.1.1 预制反打保温外墙系统由预制反打保温墙板和防护层组成,其基本构造应符合表 4.1.1 的规定。

表 4.1.1 预制反打保温外墙系统基本构造

预制反打保温外墙系统构造					构造示意图
预制反打保温墙板			防护层		
预制混凝土①	保温板②	锚固件③	抹面胶浆夹有玻纤网④	涂料⑤	① ② ③ ④ ⑤

4.1.2 预制反打保温外墙系统性能应符合表 4.1.2 的规定。

表 4.1.2 预制反打保温外墙系统性能要求

项目		指标	试验方法
系统耐候性	外观	不得出现空鼓、剥落或脱落、开裂等破坏,不得产生裂缝、出现渗水	本标准附录 A
	拉伸粘结强度(MPa)	≥0.20,且破坏部位应位于保温层内	

项目		指标		试验方法
耐冻融性		60 次循环后,试件应无空鼓、剥落,无可见裂缝。拉伸粘结强度≥0.20 MPa,破坏部位应位于保温层内		JGJ 144
抗冲击性	建筑物首层墙面及门窗口等易受碰撞部位	10J 级		
	建筑物二层及以上墙面	3J 级		
吸水量(浸水 24 h)(g/m²)		≤500		
抹面层不透水性		2 h 不透水		
防护层水蒸气渗透阻		符合设计要求		
锚固件与保温板的反向拉拔力(kN)	尾盘直径	60 mm	≥3.2	本标准附录 B
		80 mm	≥4.5	
		100 mm	≥5.0	
锚固件与保温板的局部承压力(kN)	锚杆直径	6 mm	≥2.2	本标准附录 C
		8 mm	≥2.8	
		10 mm	≥3.2	
	套杆直径	20 mm	≥5.0	
锚固件与混凝土的抗拔承载力(kN)	锚杆直径	6 mm	≥9.0	DG/TJ 08—003
		8 mm	≥12.0	
		10 mm	≥15.0	

4.1.3 预制反打保温外墙系统的传热系数、隔声性能、耐火极限应满足现行相关标准和设计要求。

4.2 预制反打保温墙板及组成材料

4.2.1 预制反打保温墙板出厂时的外观质量和尺寸偏差应分别符合表 4.2.1-1 和表 4.2.1-2 的规定。

表 4.2.1-1 预制反打保温墙板外观质量

项目		要求	试验方法
混凝土部分	露筋	钢筋应被混凝土完全包裹	GB/T 40399
	蜂窝	混凝土表面石子不应外露	
	孔洞	混凝土中孔洞深度和长度不应超过保护层	
	外形缺陷	不宜有缺棱掉角	
	外表缺陷	表面不宜有麻面、起砂、掉皮、污染、门窗框材划伤等现象； 不应有影响结构性能的破损，不宜有不影响结构性能和使用功能的破损	
	连接部位	不应有连接钢筋、拉接件松动	
	裂缝	裂缝不应贯穿保护层到达构件内部，不应有影响结构性能的裂缝，不宜有不影响结构性能和使用功能的裂缝	
保温板部分	锚固件	锚固件不应松动，尾盘不应严重歪曲、破损或凸出在保温板表面	目测
	外形缺陷	不应有缺棱掉角	
	外表缺陷	表面不应粉化、疏松、开裂、破损	
		不应有拼缝漏浆	
	污渍、油渍	不应有污渍、油渍	

表 4.2.1-2　预制反打保温墙板外形尺寸允许偏差

项目		允许偏差(mm)	试验方法
长度/宽度		±4	GB/T 40399
高度		±4	
厚度		±3	
表面平整度	混凝土部分	≤4	
	保温板部分	≤2	
侧向弯曲		L/1 000 且≤10	
混凝土部分翘曲		L/1 000 且≤10	
对角线差		≤5	
门窗洞口	中心线位置	≤3	
	宽度、高度	±4	
	对角线	≤4	

注:L 为预制反打保温墙板最长边长度(mm)。

4.2.2 预制反打保温墙板中采用的混凝土,应符合现行国家标准《混凝土结构通用规范》GB 55008 和《混凝土结构设计规范》GB 50010 的规定,其强度等级应满足结构设计要求。

4.2.3 预制反打保温墙板中采用的钢筋、钢材应符合现行国家标准《混凝土结构通用规范》GB 55008 和《钢结构通用规范》GB 55006 的有关规定。

4.2.4 预制反打保温墙板中的吊环应采用未经冷加工的 HPB300 级钢筋或 Q235B 圆钢制作;内埋式螺母和内埋式吊杆的材料应符合现行国家相关标准及产品应用技术文件的规定。

4.2.5 预制反打保温墙板中的保温板应符合下列规定:

　　1 保温板外观质量应符合表 4.2.5-1 的规定。

　　2 保温板常用规格尺寸与允许偏差应符合表 4.2.5-2 的规定。

　　3 保温板性能指标应符合表 4.2.5-3 的规定。

表 4.2.5-1 保温板外观质量

项目	要求	试验方法
缺棱掉角	不应有	
表面粉化、破损	不应有	目测
污渍、油渍	不应有	

表 4.2.5-2 保温板常用规格尺寸与允许偏差

项目	常用规格尺寸(mm)	允许偏差(mm)	试验方法
长度	2 400	±3	
宽度	1 200	±2	
厚度	50～100	+3.0 0	GB/T 29906
对角线差	—	≤3.0	
板侧边平直度	—	≤L/750	
平整度	—	1	本标准附录 D

注:L 为保温板长度尺寸。

表 4.2.5-3 保温板性能指标

项目	性能指标	试验方法
干密度(kg/m^3)	180～230	本标准附录 E
抗压强度(MPa)	≥0.30	本标准附录 F
抗拉强度(垂直于板面方向)(MPa)	≥0.20	JGJ 144
保温板与混凝土的拉伸粘结强度(MPa)	≥0.20,且破坏面在保温层内	本标准附录 G
体积吸水率(%)	≤10.0	本标准附录 H
导热系数(25℃)[W/(m·K)]	≤0.055	GB/T 10294 或 GB/T 10295*
干燥收缩率(%)	≤0.3	JG/T 536

项目	性能指标	试验方法
燃烧性能等级	A 级	GB 8624
软化系数	≥0.8	本标准附录 J

注＊：当两种方法的测试结果有争议时，以 GB/T 10294 为准。试件制作情况应在报告中写明。当保温板采用钢丝焊接网为构造加强措施时，导热系数测定应去除保温板内部的钢丝网。

4.2.6 当保温板采用钢丝焊接网为构造加强措施时，应采取镀锌或浸涂防腐剂等防腐措施。钢丝焊接网采用镀锌防腐时，应采用热浸镀工艺，镀层质量应满足现行行业标准《钢丝及其制品锌或锌铝合金镀层》YB/T 5357 的要求。

4.2.7 预制反打保温墙板中采用的锚固件应符合下列规定：

1 锚固件应采用不锈钢材质，其牌号、化学成分应符合现行国家标准《不锈钢和耐热钢牌号及化学成分》GB/T 20878 的有关规定，宜采用统一数字代号为 S304××、S316×× 的奥氏体型不锈钢。对大气环境腐蚀性高的工业密集区及海洋氯化物环境地区应采用统一数字代号为 S316×× 的奥氏体型不锈钢。

2 锚固体不锈钢材料的力学性能应符合表 4.2.7-1 的规定。

3 锚固件常用规格见表 4.2.7-2。

4 锚固件性能要求应符合表 4.2.7-3 的规定。

5 锚固件尾盘可包覆，部分锚杆可套管，包覆材料或套管材料应为聚酰胺(Polyamide 6、Polyamide 6.6)、聚乙烯(Polyethylene)或聚丙烯(Polypropylene)，严禁使用再生材料。当采用套管时，其外径宜为 20 mm，套管长度应与保温板厚度相匹配，套管不应伸入混凝土中。

表 4.2.7-1 锚固件不锈钢材料的力学性能要求

项目	性能要求	试验方法
规定塑性延伸强度 $R_{p0.2}$ (MPa)	≥380	GB/T 228.1
抗拉强度 R_m (MPa)	≥600	

项目	性能要求	试验方法
断后伸长率 A(%)	≥30	GB/T 228.1
拉伸杨氏模量(静态法)(GPa)	≥130	GB/T 22315

注:性能要求的计算应符合现行上海市工程建设规范《预制混凝土夹心保温外墙板应用技术标准》DG/TJ 08—2158 的规定。

表 4.2.7-2 锚固件常用规格

锚杆直径(mm)	锚杆长度(mm)	尾盘直径(mm)	尾盘厚度(mm)
6,8,10	120,150,180,220	60,80	≥1.2

注:其他规格的非标产品,由供需双方协商决定。

表 4.2.7-3 锚固件尾盘抗拉承载力性能要求

项目	性能要求		试验方法
尾盘抗拉承载力(kN)	锚杆直径	6 mm ≥5.0	本标准附录 K
		8 mm ≥6.5	
		10 mm ≥7.5	

4.3 防护层材料

4.3.1 抹面胶浆的性能应符合表 4.3.1 的规定。

表 4.3.1 抹面胶浆性能指标

项目		性能指标	试验方法
拉伸粘结强度(与保温板)(MPa)	原强度	≥0.20,且破坏在保温层	GB/T 29906
	浸水 48 h,干燥 7 d	≥0.20,且破坏在保温层	
可操作时间(h)		1.5~4.0	
压折比		≤3.0	

4.3.2 玻纤网的性能应符合表 4.3.2 的规定。

表 4.3.2　玻纤网性能指标

项目	指标	试验方法
单位面积质量（g/m²）	≥160	GB/T 9914.3
耐碱断裂强力（经、纬向）（N/50 mm）	≥1 200	GB/T 7689.5
耐碱断裂强力保留率（经、纬向）（%）	≥65	GB/T 20102
断裂伸长率（经、纬向）（%）	≤4.0	GB/T 7689.5
可燃物含量（%）	≥ 12.0	GB/T 9914.2

4.4　其他材料

4.4.1　密封胶、界面剂、防水抗裂材料、轻质修补砂浆、聚合物砂浆等应符合现行产品和环保标准的规定，并应满足设计要求，在选择和使用前，均应验证其与系统主要组成材料的相容性。

4.4.2　饰面涂料的产品性能应符合现行上海市工程建设规范《建筑墙面涂料涂饰工程技术标准》DG/TJ 08—504 的规定，并应与涂料的基层材料相容，其有害物质限量应符合现行国家标准《建筑用墙面涂料中有害物质限量》GB 18582 的规定。

4.4.3　预制混凝土外墙板接缝处密封胶的背衬材料应与清洁溶剂和底涂彼此相容，宜选用发泡闭孔聚乙烯棒或发泡氯丁橡胶棒。

5 设 计

5.1 一般规定

5.1.1 预制反打保温外墙系统适用于建筑高度不超过 100 m 的预制混凝土外墙,不适用于地下室外墙。

5.1.2 预制反打保温外墙系统应能适应正常的建筑变形,在长期正常荷载及室外气候的反复作用下,不应产生破坏。系统在正常使用或按本地区抗震设防烈度地震作用下不应发生脱落。

5.1.3 预制反打保温外墙系统的结构设计应符合现行国家标准《工程结构通用规范》GB 55001、《建筑与市政工程抗震通用规范》GB 55002 和现行上海市工程建设规范《装配整体式混凝土公共建筑设计标准》DG/TJ 08—2154、《装配整体式混凝土居住建筑设计规程》DG/TJ 08—2071 的规定。荷载取值应符合现行国家标准《建筑结构荷载规范》GB 50009 的规定。

5.1.4 预制反打保温外墙系统的设计应满足结构整体设计要求,应考虑对主体结构刚度产生的影响。

5.1.5 预制反打保温外墙系统的保温板厚度应满足节能设计要求,不宜小于 50 mm,也不应大于 100 mm。

5.1.6 预制反打保温外墙系统外饰面层应采用涂料饰面,涂料设计要求应符合现行上海市工程建设规范《建筑墙面涂料涂饰工程技术规程》DG/TJ 08—504 的规定。

5.1.7 预制反打保温外墙系统的保温板与相邻密拼的现浇混凝土部分的保温板应材质相同。

5.2 立面设计

5.2.1 预制反打保温外墙系统应根据预制反打保温墙板的模数化规格尺寸进行立面设计,预制反打保温墙板的尺寸尚应符合现行国家标准《建筑模数协调标准》GB/T 50002 的规定。

5.2.2 建筑立面应简洁,外墙不宜设置装饰性线条或面板。确需设置时,应符合下列规定:

1 装饰性线条或面板应采用金属连接件与主体结构可靠连接,连接件的耐久性不应低于相关标准的要求。

2 装饰性线条或面板应采用燃烧性能为 A 级的材料。

5.3 防水与抗裂

5.3.1 预制反打保温外墙系统与其他外围护保温系统交接处应进行防水设计,合理选用防水、密封材料,防水、密封材料应与保温系统材料相容,并采取相应的密封防水构造措施。不同材料交接处应进行抗裂设计,并对饰面进行合理的构造处理。

5.3.2 外挑开敞阳台、空调板、雨篷或开敞凸窗顶板等易积水的水平板面与预制外墙板交接部位的构造示意见图 5.3.2,并应符合下列规定:

1 交接部位水平接缝应采取有效的密封措施。

2 交接部位防水层应沿外墙面上翻至水平板完成面以上不小于 200 mm 高,且应沿外口下翻至少至滴水线位置。

3 水平板面应设置不小于 1% 的排水坡度。

5.3.3 建筑外墙部品及附属构配件与主体外墙的连接应牢固可靠。预埋件四周及金属构件穿透保温层的范围内应采取有效的密封措施及防腐处理。

5.3.4 现浇保温外墙与预制反打保温墙板竖向交接处应密拼错

缝处理,错缝宽度宜为 50 mm,构造示意见图 5.3.4-1;水平交接处构造示意见图 5.3.4-2。

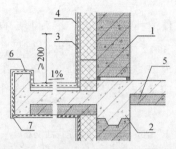

1—预制反打保温墙板;2—现浇混凝土梁或板;3—抹面层;4—饰面层;
5—叠合楼板;6—防水层,如 JS 防水涂料;7—滴水线

图 5.3.2　水平板面与外墙交接构造示意图

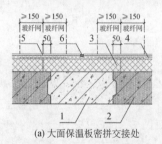

(a) 大面保温板密拼交接处

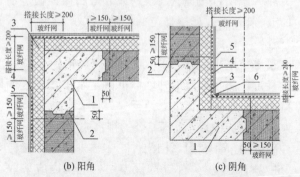

(b) 阳角　　　　　　　　　　(c) 阴角

1—现浇混凝土墙体;2—预制反打保温墙板;3—保温模板;4—抹面层;
5—饰面层;6—分隔槽处密封胶等防水抗裂材料(根据设计需要设置)

图 5.3.4-1　现浇保温外墙与预制反打保温墙板竖向交接处构造示意图

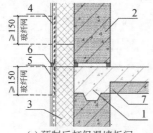 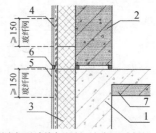

(a) 预制反打保温墙板间　　　(b) 现浇保温墙体与预制反打保温墙板间

1—现浇混凝土墙体;2—预制反打保温墙板;3—保温模板;4—抹面层;
5—饰面层;6—分隔槽处密封胶等防水抗裂材料(根据设计需要设置);7—叠合楼板

图 5.3.4-2　现浇保温外墙与预制反打保温墙板水平交接处构造示意图

5.3.5　外墙抹面层中玻纤网的铺设应符合下列规定:

1　应连续铺设玻纤网,搭接长度不应小于 100 mm。

2　首层外墙等易受碰撞的部位应铺设 2 层玻纤网。

3　外墙阴阳角处玻纤网应交错搭接,搭接宽度不应小于 200 mm,构造示意见图 5.3.4-1。

4　现浇保温墙体与预制反打保温墙板密拼交接处周边 150 mm 宽的范围内,应附加 1 层玻纤网,竖向交接处玻纤网设置构造示意见图 5.3.4-1,水平交接处玻纤网设置构造示意见图 5.3.4-2。

5　门窗洞口周边应附加 1 层玻纤网,玻纤网的搭接宽度不应小于 200 mm;门窗洞口角部 45°方向应加贴小块玻纤网,尺寸不应小于 300 mm×400 mm,构造示意见图 5.3.5。

5.3.6　外墙抹面层中分隔槽的设置应符合下列规定:

1　分隔槽宽度为 15 mm～20 mm。抹面施工前分隔槽内应嵌入塑料分隔条或泡沫塑料棒等,外表应用密封胶等防水抗裂材料处理。

2　分隔槽处的玻纤网应连续铺设,且应采取有效的密封措施。

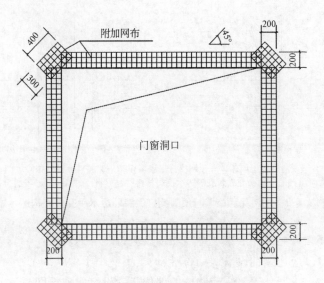

图 5.3.5　门窗洞口玻纤网设置示意图

3 水平分隔槽应每层设置,位置宜结合楼层设置,构造示意见图 5.3.4-2;当水平分隔槽设置间距大于 1 层且连续墙面面积大于 30 m² 时,应设置竖向分隔槽、竖向分隔缝,并宜结合阴角位置设置,构造示意见图 5.3.4-1。

5.3.7 预制反打保温外墙系统外窗构造示意见图 5.3.7,并应符合下列规定:

1 外窗应采用预埋窗框或附框的安装形式。当设置有附框时,附框与预制墙板及窗框应可靠连接,并应进行保温及防水处理,其技术要求应符合现行国家标准《建筑门窗附框技术要求》GB/T 39866 的相关规定。

2 外窗台应设置不小于 5% 的外排水坡度,其上防水层沿外墙面下翻应不小于 100 mm 高;门窗上楣外口应做滴水线。

3 门窗外侧洞口四周墙体的保温层厚度不应小于 20 mm。

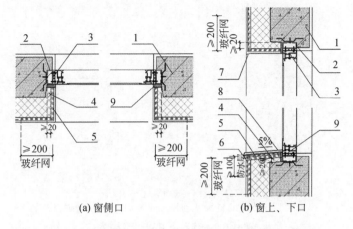

(a) 窗侧口   (b) 窗上、下口

1—预制反打保温墙板；2—附框；3—窗框；4—窗口保温；5—抹面层；
6—防水层，如 JS 防水涂料；7—滴水线；8—成品披水板；9—密封胶

图 5.3.7　外窗节点构造示意图

5.3.8　预制反打保温外墙系统外窗台处应设置成品披水板，披水板宜与窗下框型材一体化设计。当与窗框型材配合连接时，应有可靠的连接及密封措施。

5.3.9　预制反打保温墙板预留孔洞和缝隙应在作业完成后进行密封及防水处理，并应符合下列规定：

1　穿墙管道应预留套管，套管宜采用内高外低的方式，坡度不应小于 5%；当套管与墙体垂直时，应采取避免雨水流入的措施。管道与套管之间的缝隙应选用低吸水率的弹性保温材料封堵密实，内外两侧应采取密封胶封堵等防水密封措施，构造示意见图 5.3.9。

2　电气线路应采用金属套管，金属管与墙体缝隙应采用不燃材料进行防火封堵。

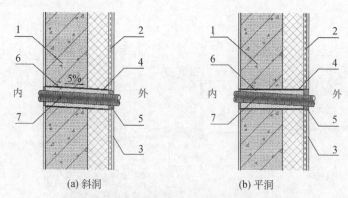

| (a) 斜洞 | (b) 平洞 |

1—预制反打保温墙板;2—抹面层;3—饰面层;4—套管;
5—密封胶;6—保温材料,如发泡聚氨酯等;7—管道,如空调管道等

图 5.3.9 预留孔洞密封示意图

5.4 热工设计

5.4.1 预制反打保温外墙系统热工性能应符合现行上海市工程
建设规范《居住建筑节能设计标准》DGJ 08—205 或《公共建筑节
能设计标准》DGJ 08—107 的规定,并应满足设计要求。

5.4.2 外墙系统传热系数计算时,保温板的密度、导热系数、蓄
热系数及修正系数取值应符合其产品标准的规定。典型保温板
热工性能及修正系数应按表 5.4.2 选取。

表 5.4.2 典型保温板热工性能取值

密度 （kg/m³）	导热系数 λ [W/(m·K)]	蓄热系数 S [W/(m²·K)]	修正系数 α
180～230	0.055	0.99	1.15

5.4.3 保温板厚度应通过热工计算确定,计算方法应符合现行
国家标准《民用建筑热工设计规范》GB 50176 的规定。

5.5 锚固件设计

5.5.1 预制反打保温外墙系统的锚固件应进行在使用阶段持久设计状况下的承载力验算和变形验算、地震设计状况下的承载力验算,验算时不应计入保温层与混凝土基层墙体间的粘结作用。

5.5.2 考虑到作用在预制反打保温外墙系统外墙上的风荷载,保温层与基层墙体的连接应按围护结构进行计算和设计。在锚固件设计时,应承受直接施加于外墙外侧上的荷载与作用。

5.5.3 锚固件设计时,结构重要性系数 γ_0 不应小于 1.0,连接节点承载力抗震调整系数 γ_{RE} 取 1.0。连接节点的承载力验算应采用荷载效应基本组合的设计值,变形验算应采用荷载效应标准组合的设计值。

5.5.4 预制反打保温外墙系统中,锚固件与保温板反向拉拔承载力设计值、与保温板局部承压力设计值、与混凝土的抗拔承载力设计值、尾盘与锚杆抗拉承载力设计值应分别按式(5.5.4-1)~式(5.5.4-4)确定。

$$R_t = R_{tm}/\gamma_t \qquad (5.5.4\text{-}1)$$

$$R_c = R_{cm}/\gamma_c \qquad (5.5.4\text{-}2)$$

$$R_d = R_{dm}/\gamma_d \qquad (5.5.4\text{-}3)$$

$$R_p = R_{pm}/\gamma_p \qquad (5.5.4\text{-}4)$$

式中:R_t,R_{tm}——锚固件与保温板反向拉拔承载力设计值、检验值(为表 4.1.2 要求的最小值);

R_c,R_{cm}——锚固件与保温板局部承压承载力设计值、检验值(为表 4.1.2 要求的最小值);

R_d,R_{dm}——锚固件与混凝土抗拔承载力设计值、检验值(为表 4.1.2 要求的最小值);

R_p,R_{pm}——锚固件尾盘抗拉承载力设计值、检验值(为

表 4.2.7-3 要求的最小值);

γ_t——锚固件与保温板反向拉拔承载力分项系数,取 2.5;

γ_c——锚固件与保温板局部承压承载力分项系数,取 3.0;

γ_d——锚固件与混凝土抗拔承载力分项系数,取 2.5;

γ_p——锚固件尾盘抗拉承载力分项系数,取 2.5。

5.5.5 连接节点承载力计算时,荷载效应基本组合设计值应满足式(5.5.5-1)~式(5.5.5-3)的规定。

1 持久设计状况

$$S = \gamma_G S_{Gk} + \gamma_W S_{Wk} \qquad (5.5.5\text{-}1)$$

2 地震设计状况

在水平地震作用下:

$$S = \gamma_G S_{Gk} + \gamma_{Eh} S_{Ehk} + \psi_W \gamma_W S_{Wk} \qquad (5.5.5\text{-}2)$$

在竖向地震作用下:

$$S = \gamma_G S_{Gk} + \gamma_{Ev} S_{Evk} \qquad (5.5.5\text{-}3)$$

式中: S——荷载效应基本组合的设计值;

S_{Gk}——永久荷载的效应标准值;

S_{Wk}——风荷载的效应标准值;

S_{Ehk}——水平地震作用组合的效应标准值;

S_{Evk}——竖向地震作用组合的效应标准值;

γ_G——永久荷载分项系数,按第 5.5.6 条规定取值;

γ_W——风荷载分项系数,取 1.5;

ψ_W——风荷载组合系数,地震设计状况下取 0.2;

γ_{Eh},γ_{Ev}——水平地震作用、竖向地震作用分项系数,按表 5.5.5 取值。

表 5.5.5 地震作用分项系数

地震作用	γ_{Eh}	γ_{Ev}
仅计算水平地震作用	1.4	0.0
仅计算竖向地震作用	0.0	1.4
同时计算水平与竖向地震作用(水平地震为主)	1.4	0.5
同时计算水平与竖向地震作用(竖向地震为主)	0.5	1.4

5.5.6 持久设计状况、地震设计状况下进行连接节点的承载力设计时,永久荷载分项系数 γ_G 应按下列规定取值:

1 预制反打保温外墙系统平面外承载力设计时,γ_G 取 0;平面内承载力设计时,持久设计状况下 γ_G 取 1.3,地震设计状况下 γ_G 取 1.3。

2 连接节点承载力设计时,在持久设计状况下 γ_G 取 1.3,在地震设计状况下 γ_G 取 1.3;当永久荷载效应对连接节点承载力有利时,γ_G 取 1.0。

5.5.7 计算水平地震作用标准值时,可采用等效测力法,并应按式(5.5.7)计算。

$$F_{Ehk} = \beta_E \alpha_{max} G_k \qquad (5.5.7)$$

式中:F_{Ehk} ——施加于外墙保温层和抹面层重心处的水平地震作用标准值,当验算连接节点承载力时,连接节点地震作用效应标准值应乘以 2.0 的增大系数;

β_E ——动力放大系数,可取 5.0;

α_{max} ——水平地震影响系数最大值,可取 0.08;

G_k ——外墙保温层和抹面层的重力荷载标准值。

5.5.8 计算薄抹灰面层的重力荷载标准值时,应考虑施工影响,施工影响系数可取 1.6。

5.5.9 竖向地震作用标准值可取水平地震作用标准值的 0.65 倍。

5.5.10 锚固件在荷载效应标准组合下的挠度不应大于 $L/100$,

其中 L 为锚固件的悬臂长度。

5.5.11 预制反打保温外墙系统应采用锚固件将保温层和基层墙体可靠连接。锚固件应符合下列规定：

1 锚固件的其他配套部件材料应满足主体结构设计工作年限和耐久性要求。

2 锚固件锚杆直径不应小于 6 mm，不锈钢尾盘直径不应小于 8 倍锚杆直径，且不应小于 60 mm，不锈钢尾盘的厚度不应小于 1.2 mm。

3 当建筑高度超过 60 m，保温板侧立布置和板底布置时，锚固件锚杆直径不应小于 8 mm。

5.5.12 预制反打保温外墙系统中的锚固件宜采用矩形布置或梅花形布置。锚固件间距应按设计要求确定，且锚固件距保温板边缘宜为 120 mm～250 mm，间距宜为 500 mm～750 mm，保温板厚度为 100 mm；建筑高度低于 24 m 时可按高值取用，其余情况宜按低值取用。当有可靠试验依据时，也可采用其他边距和间距。

5.5.13 预制反打保温外墙系统中，锚固件布置应满足设计要求，并应符合下列规定：

1 应以每块保温板为单元，根据板块大小和尺寸进行布置。

2 保温板侧立布置和板底布置时，锚固件数量不应少于 4 个/m²；板面布置时不应少于 3 个/m²，板面布置时锚固件可采用 6 mm 锚杆直径。

3 保温外墙墙板边缘独立保温板小于等于 0.3 m² 时，锚固件不应少于 1 个；大于 0.3 m²、小于 1.0 m² 时，锚固件不应少于 2 个。

5.5.14 预制反打保温外墙系统在保温板排布时，墙边缘保温板不宜小于 0.3 m²，且短边长度不宜小于 0.15 m。

5.5.15 锚固件在基层墙体中的有效锚固长度不应小于 7 倍锚杆直径，且不应小于 50 mm。

6 制作与运输

6.1 一般规定

6.1.1 预制反打保温墙板的制作除应符合本章规定,还应符合现行国家标准《装配式混凝土建筑用预制部品通用技术条件》GB/T 40399 和现行上海市工程建设规范《装配整体式混凝土结构预制构件制作与质量检验规程》DGJ 08—2069 的相关规定。

6.1.2 预制反打保温墙板应按预制构件加工制作图进行制作。

6.1.3 保温板生产商应提供系统型式检验报告。

6.1.4 预制反打保温墙板生产企业应建立构件生产首件验收制度。生产企业应完成生产首件验收的全部整改项目,方可进行批量生产。

6.2 原材料与配件

6.2.1 预制反打保温墙板制作前,生产企业应对生产用原材料、钢筋、预埋件、混凝土配合比、配件等进行检验或查验,检验合格后方可使用。

6.2.2 同厂家、同品种、同规格保温板每 5 000 m² 为一个检验批,检验项目应包括厚度偏差、干密度、抗压强度、抗拉强度(垂直于板面方向)、体积吸水率、导热系数、燃烧性能等级和构造加强措施,其性能应符合本标准第 4.2.5 和 4.2.6 条的要求。

6.2.3 同厂家、同品种、同规格锚固件以 25 000 个为一个检验批,检验项目应包括外观尺寸、尾盘抗拉承载力,其性能应符合本标准第 4.2.7 条的要求。

6.3 制 作

6.3.1 预制反打保温墙板的首件验收应符合下列规定：

1 应对混凝土浇筑前状态的半成品进行隐蔽工程验收。

2 首件成品质量应满足出厂检验要求。

6.3.2 预制反打保温墙板制作,首先应根据预制构件加工制作图和工艺要求,绘制保温板分割及锚固件布置图,应明确保温板规格、厚度以及锚固件规格、位置和数量等。

6.3.3 应按照预制构件加工制作图要求,对保温板进行切割。保温板切割面应平整,板面最小宽度不应小于 150 mm,尺寸偏差应符合表 6.3.3 规定。

表 6.3.3 保温板加工允许偏差及检验方法

项次	项目	允许偏差(mm)	检验方法
1	板块长、宽尺寸	±3	尺量检查
2	对角线差	≤3	尺量检查
3	板面平整度	3	2 m 靠尺和塞尺检查
4	锚固件定位	±5	尺量检查
5	预留孔定位	±5	尺量检查

6.3.4 应按照加工制作图要求,对保温板进行打孔、安装锚固件。锚固件应垂直于保温板且穿透,直至锚固件尾盘压入保温板表面,并与保温板外表面齐平。

6.3.5 模具中铺装保温板时,保温板应紧密排列。保温板之间的拼缝间隙不应大于 3 mm,且应采取发泡聚氨酯等填缝。

6.3.6 模具中保温板铺装完成后,应采用吊挂方式放置并固定钢筋骨架,且符合下列规定:

1 钢筋骨架就位后,应在边模上放置槽钢或角钢,长度应横跨边模,间距应符合吊起后的钢筋骨架变形要求。

 2 应采用吊钩将钢筋骨架吊起并固定,吊起应符合钢筋骨架的钢筋保护层要求。

 3 槽钢或角钢应有足够的强度和刚度,满足吊挂钢筋骨架要求。

 4 保温板上的钢筋保护层垫块位置应避开锚固件。

6.3.7 混凝土浇筑成型前应进行隐蔽工程验收。隐蔽工程应符合下列规定:

 1 保温板规格、位置、拼缝必须符合设计及加工制作图要求。

 2 锚固件品种、规格、数量、位置必须符合设计及加工制作图要求。

 3 预埋件、预留插筋、预留孔(洞)、键槽、粗糙面等必须符合设计及加工制作图要求。

 4 其他隐蔽工程检查项目应符合有关标准规定和设计要求。

6.3.8 混凝土浇筑时,应避免振动器触及保温板和锚固件。

6.3.9 预制反打保温墙板应进行养护。

6.3.10 预制反打保温墙板养护后的混凝土强度符合设计要求时,方可进行拆模、起吊。

6.3.11 预制反打保温墙板的吊点设置应符合设计和构件加工制作图的要求。异型预制构件应设置临时固定工具,且吊点和吊具应进行专门设计。

6.3.12 预制反打保温墙板竖向翻转时,应使用翻转机或翻身架等专用设备进行,不应直接使用吊环进行翻转。

6.3.13 预制反打保温墙板脱模后,应进行外观质量检查,对出现的缺陷应进行修补,重新验收合格后方可入库出厂。

6.3.14 预制反打保温墙板中混凝土部分缺陷的修补应符合现行国家标准《装配式混凝土建筑用预制部品通用技术条件》

GB/T 40399 的相关规定。

6.3.15 预制反打保温墙板中保温板部分缺陷的修补应满足下列要求：

1 缺陷总面积小于等于墙板保温面积 15％且深度小于等于 10％时，宜采用轻质砂浆进行修补。

2 超过上款范围的缺陷，应采用粘结加锚固结合的方式换贴保温板进行修补，原保温板开洞四周应用锚固件进行补强。

6.4 出厂检验

6.4.1 预制反打保温墙板外观质量、尺寸允许偏差应满足设计要求，且不应低于本标准表 4.2.1-1 和表 4.2.1-2 的要求。

检查数量：全数检查。

检验方法：观察和量测。

6.4.2 预制反打保温墙板采用的锚固件使用位置应满足设计要求，且不应低于表 6.4.2 的要求。

检查数量：全数检查。

检验方法：观察和量测，查阅隐蔽工程验收记录。

表 6.4.2 保温板上的锚固件的允许偏差及检验方法

项次	项目	允许偏差（mm）	检验方法
1	锚固件中心线位置	5	用尺量测纵横两个方向中心线位置，取其较大值
2	锚固件端面与保温板平面高差	0 −3	用靠尺和塞尺量测

6.4.3 预制反打保温墙板的保温板与混凝土的拉伸粘结强度应满足设计要求，且不应低于本标准表 4.2.5-3 中"保温板与混凝土的拉伸粘结强度"要求。

检查数量:按批检查,每1 000件同类构件为一个检验批。

检验方法:在预制反打保温墙板上进行试样切割,随机均布5个试样位置,断缝应切割至混凝土层,深度应一致。试验步骤和结果处理,参见本标准附录A的A.4.2。

6.4.4 预制反打保温墙板的预埋件、预留插筋、预留孔(洞)、键槽、灌浆套筒及连接钢筋、粗糙面和键槽成型质量等应符合现行国家标准《混凝土结构工程施工质量验收规范》GB 50204的规定。

检查数量:全数检查。

检验方法:观察和量测。

6.5 存放和运输

6.5.1 预制反打保温墙板的存放场地应平整、坚实,且应有排水措施。存放区宜实行分区管理。

6.5.2 预制反打保温墙板应按照产品品种、规格型号、检验状态分类存放,产品标识应清晰、耐久,预埋吊件应朝上,标识应向外。

6.5.3 预制反打保温墙板临时放置和堆场堆放,应搁置在通长木方上,木方宽度不应小于200 mm。

6.5.4 预制反打保温墙板存放时,应合理设置垫木位置,搁置点应确保预制反打保温墙板存放稳定。搁置点宜与起吊点位置一致,并确保预制反打保温墙板的搁置部位在混凝土主体墙板底部。

6.5.5 预制反打保温墙板应采用插放架或靠放架立式存放和运输。异型预制反打保温墙板的存放和运输应制定专门的质量安全保证措施。存放和运输过程中应对预制反打保温墙板采取遮挡防雨措施。

6.5.6 预制反打保温墙板应采用专用托架、靠放架、插放架等进行驳运和运输,应采取措施避免保温材料受损,底部搁置部位应在混凝土主体墙板底部,保温材料和混凝土接触部分应垫放柔性材料。

6.5.7 预制反打保温墙板的驳运和运输应符合现行上海市工程建设规范《装配整体式混凝土结构预制构件制作与质量检验规程》DGJ 08—2069 的规定。

6.5.8 预制反打保温墙板在驳运和运输过程中发生成品损伤时,应按照本标准第 6.3.14 条和 6.3.15 条要求进行修补,并重新检验。

7 施 工

7.1 一般规定

7.1.1 预制反打保温外墙系统施工前应制定专项施工方案,专项施工方案应包括预制反打保温墙板吊装工艺、现浇混凝土交接部位节点处理、预制反打保温墙板间拼缝处理、防水节点处理、质量保证措施、安全保证措施、成品保护措施、保温板局部修补措施及施工阶段保温板耐候性保护措施等。

7.1.2 预制反打保温外墙系统施工作业人员应具备岗位需要的基础知识和技能,施工单位应结合预制反打保温外墙系统及现浇部位保温系统的特点与节点构造对管理人员、施工作业人员进行专项质量安全技术交底。

7.1.3 预制反打保温外墙系统在现场施工过程中,应对预制反打保温墙板原有的门窗框、预埋件等产品进行保护,施工中不应拆除或损坏。

7.1.4 施工过程中预制反打保温墙板不应长时间暴露在大气、雨水等环境。每次连续施工不超过 6 层,应对保温板外侧采取耐候性保护措施。

7.1.5 预制反打保温外墙系统与现浇混凝土保温外墙大面施工前,应进行样板施工,根据样板试验结果完善施工工艺。

7.1.6 预制反打保温外墙系统施工除应符合本标准规定外,尚应符合现行国家标准《混凝土结构工程施工规范》GB 50666、现行行业标准《装配式混凝土结构技术规程》JGJ 1 及现行上海市工程建设规范《装配整体式混凝土结构施工及质量验收标准》DG/TJ 08—2117 的规定。

7.1.7 预制反打保温外墙系统在施工过程中的安全保护措施应

按照现行行业标准《建筑施工安全检查标准》JGJ 59、《建设工程施工现场环境与卫生标准》JGJ 146 等的有关规定执行。

7.2 施工准备

7.2.1 预制反打保温墙板堆放在现场时，保温板应避免与堆放架型钢、相邻构件棱角等尖锐硬物直接接触。堆场应无积水，对露天堆放的预制反打保温墙板应采取遮阳防雨措施。

7.2.2 预制反打保温外墙系统施工前，已完成结构的混凝土强度、外观质量、尺寸偏差及预留钢筋等应符合现行国家标准《混凝土结构工程施工规范》GB 50666、现行行业标准《装配式混凝土结构技术规程》JGJ 1 的相关规定。

7.2.3 拉模孔、脚手眼等施工措施需在预制反打保温墙板上设置的，预留尺寸应经设计单位确认。

7.2.4 预制反打保温外墙系统施工前，所使用的构配件应完成进场检验。如在运输和工地现场存放中有破损，则应根据本标准第 6.3.14 条和 6.3.15 条的要求修补合格后方可吊装。

7.3 预制反打保温墙板安装

7.3.1 预制反打保温墙板的安装施工除应符合表 7.3.1 规定外，还应符合现行国家标准《混凝土结构工程施工质量验收规范》GB 50204、《混凝土结构工程施工规范》GB 50666、现行行业标准《装配式混凝土结构技术规程》JGJ 1 及现行上海市工程建设规范《装配整体式混凝土结构施工及质量验收标准》DG/TJ 08—2117 的规定。

表 7.3.1 预制反打保温墙板安装允许偏差及检验方法

项次	项目	允许偏差(mm)	检验方法
1	轴线位置	3	尺量检查

项次	项目	允许偏差(mm)	检验方法
2	标高	±5	水准仪或拉线检查
3	构件垂直度	3	2m靠尺检查
4	相邻构件平整度	3	2m靠尺和塞尺检查
5	墙板接缝宽度	±5	尺量检查

7.3.2 在预制反打保温墙板安装后,除根据水准点与轴线校正外,应每3层挂通线校核全外立面平整度与垂直度,根据校核结果及时纠正累计偏差。

7.3.3 预制反打保温外墙系统底部水平接缝封堵应符合灌浆的侧压力及防水设计要求;当采用柔性材料时,应避免在灌浆压力作用下发生漏浆。

7.3.4 当保温板因局部凹坑、掉角、脱皮需修补时,应根据本标准第6.3.15条进行修补。当预留混凝土浇筑口、预埋件等部位需后置保温板时,后置保温板材料应与主体保温材料一致。当后置保温板短边长在300 mm及以下时,可满涂粘接剂;当后置保温板短边长在300 mm以上时,应采用粘锚结合的形式粘贴,单个锚固件拉拔力不应低于设计要求。

7.4 结合部位施工

7.4.1 预制反打保温外墙与现浇混凝土保温外墙结合面应符合现行国家标准《混凝土结构工程施工规范》GB 50666、现行行业标准《装配式混凝土结构技术规程》JGJ 1 的相关规定。

7.4.2 预制反打保温外墙系统与现浇结合部位支模时,现浇部位保温板与预制反打保温墙板应按本标准第5.3.6条要求采取错缝防水处理。保温板间、预制反打保温外墙系统底口等拼缝应采取防漏浆措施。

7.4.3 现浇结合部位支模时,支撑架体不得与预制反打保温外墙的临时固定杆相连。

7.5 防水施工

7.5.1 预制反打保温外墙的保温板接缝采用发泡剂填充时,应检查接缝内腔情况,接缝内不应有浮浆、杂物与明积水。发泡剂施打应连续均匀、饱满。

7.5.2 拉模孔、脚手眼等施工预留孔洞中间应采用憎水性岩棉、聚氨酯等保温材料填实;外墙面一侧应采用耐候密封胶封堵,封堵深度不应小于 10 mm;内墙面一侧应采用防水砂浆封堵,封堵深度不应小于 50 mm。构造示意见图 7.5.2。

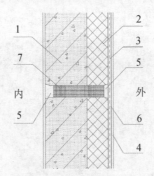

1—预制墙体;2—保温板;3—抹面胶浆;4—饰面层;5—防水砂浆;
6—玻纤网;7—保温材料(憎水性岩棉或发泡剂)

图 7.5.2 施工预留孔洞封堵示意图

7.5.3 密封胶施工前,应对基面进行检查。缝内腔应干燥、无异物。缝的深度及宽度应满足设计要求。当缝宽度小于 10 mm 或深度不足 10 mm 时,应进行切缝处理;当缝宽度大于 30 mm 时,应分次打胶;当缝宽度大于 40 mm 时,不得直接打胶,应明确相应防水措施,经建设、设计及监理认可后方可施工。密封胶施工应连续、均匀、顺直。

7.5.4 预制反打保温外墙系统进行防水层施工前,基层应平整坚实。外挑阳台、雨篷、凸窗上口等易积水的阴角部位应采用防水砂浆抹圆角。防水层应按本标准第 5.3.2 条要求下翻至滴水线。

7.6 防护层施工

7.6.1 抹面层施工应在基层质量验收合格后进行。基层应平整、无污染、无杂物,凸起、空鼓和疏松部位应剔除,破损部位应已完成修复,接缝防水、孔洞封堵等防水隐蔽工程应验收完成。基层墙体的质量除应符合表 7.6.1 的规定外,还应符合现行国家标准《混凝土结构工程施工质量验收规范》GB 50204 的规定。

表 7.6.1 基层墙体尺寸允许偏差及检验方法

项次	项目	允许偏差(mm)	检验方法
1	立面垂直度	4	2 m 靠尺和塞尺检查
2	表面平整度	4	水准仪或拉线检查
3	阴阳角方正	4	直角检测尺检查
4	保温板拼缝宽度	≤3	塞尺检查

7.6.2 抹面胶浆应按产品说明书的配比要求进行计量,应充分搅拌,搅拌好的抹面胶浆应在 1.5 h 内用完。抹面胶浆涂抹前,宜用界面剂处理。

7.6.3 抹面层在施工前,宜先制作样板,经建设、设计和监理单位确认后方可施工。

7.6.4 抹面层施工应符合现行国家标准《建筑装饰装修工程施工质量验收规范》GB 50210 的相关规定。

7.6.5 抹面层应至少分 2 道施工,每道抹面层厚度应控制在 3 mm～5 mm,抹面层平均总厚度应不大于 8 mm,施工允许误差应为$(-3\,\text{mm},+5\,\text{mm})$。首道抹面层施工可作为耐候性保护措施在结构施工阶段提前穿插。

7.6.6 外墙抹面层中玻纤网的铺设应符合下列规定：

    1 大面施工前，应按本标准第5.3.4条要求，完成接缝、门窗洞口、不同材料交接处等部位的附加层铺设。

    2 大面连续的玻纤网应设置在面层抹面内，搭接宽度应满足本标准第5.3.4条要求。

    3 玻纤网的铺设应平整，无褶皱、翘边等现象，抹面胶浆应完全覆盖玻纤网，不得出现玻纤网外露。

7.6.7 抹面施工前，应按设计要求在基面弹出分隔槽位置。开槽时应采用专用工具，开槽宽度应满足设计要求，深度应至保温层表面。

7.6.8 抹面层施工作业面温度应为5℃～35℃。

7.6.9 涂料饰面施工应符合现行国家标准《建筑装饰装修工程施工质量验收规范》GB 50210 的相关规定。

8 质量验收

8.1 一般规定

8.1.1 预制反打保温外墙系统工程质量验收应符合国家、行业和本市现行有关标准的规定。

8.1.2 预制反打保温外墙系统应与主体结构一同验收,施工过程中应及时进行质量检查、隐蔽工程验收与检验批质量验收和检验。

8.1.3 隐蔽工程在隐蔽前应由施工单位通知监理(建设)单位进行验收,并应有详细的文字记录和必要的图像资料,验收合格后方可继续施工。预制反打保温外墙系统工程应对下列部位或内容进行隐蔽工程验收:

    1 预制反打保温墙板中保温板厚度。

    2 预制反打保温墙板中锚固件数量、规格及锚固位置。

    3 预制反打保温墙板外观质量。

    4 阴阳角、门窗洞口及不同材料交接处等特殊部位的加强措施。

8.1.4 预制反打保温外墙系统的检验批划分应符合下列规定:

    1 扣除门窗洞口后的墙面面积每 500 m² ~ 1 000 m² 划分为一个检验批,不足 500 m² 也应为一个检验批。

    2 检验批的划分也可根据与施工流程相一致且方便施工与验收的原则,由施工单位与监理(建设)单位共同商定。

8.1.5 检验批检查数量除本章另有要求外,应符合下列规定:

    1 每个检验批每 100 m² 应至少抽查 1 处,每处不应小于 10 m²。

    2 每个检验批抽查不得少于 3 处。

8.1.6 预制反打保温外墙系统的检验批质量验收合格应符合下列规定：

    1 主控项目的质量经抽样检验均应合格。

    2 一般项目的质量经抽样检验应合格。当采用计数抽样时，至少应有 90％以上的检查点合格。

    3 应具有完整的施工操作依据和质量验收记录。

8.1.7 预制反打保温外墙系统的施工缺陷，如穿墙套管、脚手眼、孔洞等，应由施工单位制订专项处理方案，采取隔断热桥措施，并应有相应的验收记录。

8.1.8 预制反打保温外墙系统工程应提供下列文件、资料，并纳入竣工资料：

    1 设计文件，图纸会审记录，设计变更、技术洽商和节能专项审查文件。

    2 预制反打保温墙板进场复验报告。

    3 预制反打保温外墙系统工程施工方案。

    4 节能保温工程的隐蔽验收记录。

    5 检验批、分项工程检验记录。

8.2　预制反打保温墙板进场检验

（Ⅰ）主控项目

8.2.1 预制反打保温墙板进场时应检查出厂合格证和质量证明文件。

    1 出厂合格证应包含下列内容：

        1）出厂合格证编号和单块预制反打保温墙板编号；

        2）预制反打保温墙板数量；

        3）预制反打保温墙板外观质量、尺寸允许偏差和混凝土抗压强度；

        4）生产企业名称、生产日期、出厂日期；

5）检验员签名或盖章，可用检验员代号表示。

2 质量证明文件应包括下列内容：

1）预制反打保温墙板出厂检验报告；

2）保温板型式检验报告；

3）保温板与混凝土粘结强度报告；

4）锚固件型式检验报告。

8.2.2 预制反打保温墙板进场时应有产品标识，产品标识应包括工程名称、产品名称、编号、生产日期、生产企业、出厂日期和合格章。

检查数量：全数检查。

检验方法：观察或通过芯片、二维码读取。

8.2.3 预制反打保温墙板进场时，应对其主要受力钢筋数量、规格、间距、保护层厚度及混凝土强度进行实体检验。

检查数量：以同一混凝土强度等级、同一生产工艺的预制反打保温外墙板不超过 1 000 块为一批，每批抽取墙板数量的 2%且不少于 5 块进行检验。抽取时宜从设计荷载最大、受力最不利，或生产数量最多的预制构件中抽取。

检验方法：核查实体检验报告。

8.2.4 预制反打保温墙板进场时应对保温板厚度进行检测。

检查数量：不超过 1 000 块为一批，每批抽取墙板数量的 1%且不少于 3 块进行检验，可在本标准第 8.2.3 条抽取的样品中选取。

检验方法：采用钢针插入或侧边尺量检查。

8.2.5 预制反打保温墙板进场时锚固件数量、位置等应符合设计要求。

检查数量：全数检查。

检验方法：观察，尺量。

8.2.6 预制反打保温墙板的预埋件、预留孔洞、窗洞口的尺寸偏差等应符合设计要求。

检查数量：全数检查。

检验方法：尺量，检查处理记录。

8.2.7 预制反打保温外墙系统使用的抹面胶浆、玻纤网等进场时应对其下列性能进行复验,复验应为见证取样送检:

    1 抹面胶浆的拉伸粘结强度(与保温板)、压折比。

    2 玻纤网的单位面积质量、耐碱断裂强力、耐碱断裂强力保留率。

    检查数量:同一厂家、同一品种的产品,按照扣除门窗洞口后的保温墙面面积所使用的的材料用量,在 5 000 m² 以内时应复验 1 次;面积每增加 5 000 m² 应增加 1 次。

    检验方法:核查复验报告。

（Ⅱ）一般项目

8.2.8 预制反打保温墙板的外观质量和尺寸偏差应符合设计要求,且不应低于本标准表 4.2.1-1、表 4.2.1-2 的要求。

    检查数量:全数检查。

    检验方法:按本标准第 4.2.1 条规定的试验方法进行。

8.2.9 预制反打保温墙板粗糙面的外观质量、键槽的外观质量和数量应符合设计要求。

    检查数量:全数检查。

    检验方法:观察,尺量。

8.2.10 预制反打保温墙板上的预埋件、预留插筋、预留孔洞、预埋管线等部件的规格型号、数量应符合设计要求。

    检查数量:全数检查。

    检验方法:观察,尺量;检查出厂合格证。

8.3 预制反打保温墙板施工验收

（Ⅰ）主控项目

8.3.1 预制反打保温墙板临时安装支撑应符合施工方案及相关技术标准要求。

检查数量:全数检查。

检验方法:观察,核查施工记录。

8.3.2 预制反打保温墙板与后浇混凝土连接时,后浇混凝土的强度应符合设计要求。

检查数量:按批检验,检验批次应符合现行国家标准《混凝土结构工程施工质量验收规范》GB 50204 的有关规定。

检验方法:核查混凝土强度复验报告。

8.3.3 预制反打保温墙板安装后不得有影响结构性能和使用功能的尺寸偏差。

检查数量:全数检查。

检验方法:测量,检查处理记录。

(Ⅱ)一般项目

8.3.4 预制反打保温墙板安装后的外观质量应符合本标准表 4.2.1-1 的规定。

检查数量:全数检查。

检验方法:观察,检查处理记录。

8.4 预制反打保温外墙系统验收

(Ⅰ)主控项目

8.4.1 预制反打保温外墙系统的抹面层施工完成后,应对抹面层与保温板之间的粘结强度进行检验,抹面层与保温板之间的粘结强度应不小于 0.12 MPa。

检查数量:每个检验批抽查应不少于 1 组。

检验方法:按照本标准附录 A.4.2 的规定进行。

8.4.2 预制反打保温外墙系统的抹面层应无空鼓和裂缝。

检查数量:每个检验批随机抽查应不少于 5 处,面积应不少于 10%。

检验方法:观察,空鼓锤敲击。

8.4.3 施工产生的墙体缺陷,如穿墙套管、脚手眼、孔洞等,应按照施工方案采取隔断热桥措施。

检查数量:全数检查。

检验方法:对照施工方案检查。

8.4.4 墙体上容易被撞的阳角、门窗洞口及不同材料基体的交接处等特殊部位应采取防止开裂和防破损加强措施。

检查数量:每个检验批随机抽查应不少于 5 处,面积应不少于 10%。

检验方法:核查隐蔽工程验收记录。

8.4.5 预制反打保温外墙系统应按照现行行业标准《建筑防水工程现场检测技术规范》JGJ/T 299 中的相关技术要求进行淋水试验。检查部位应包含相邻两层墙板形成的水平接缝和墙板与相邻现浇部位形成的竖向接缝。

检查数量:每个检验批应至少抽查 1 处。

检验方法:核查现场淋水试验报告。

（Ⅱ）一般项目

8.4.6 预制反打保温外墙系统的抹面层厚度应符合设计要求。

检查数量:每个检验批抽查应不少于 1 组,每组应不少于 3 个测点。

检验方法:钻芯取样,或在拉伸粘结强度现场测试后量测。

8.4.7 预制反打保温外墙系统的外观尺寸允许偏差应符合表 8.4.7 的规定。

检查数量:每个检验批抽查应不少于 3 处。

表 8.4.7 预制反打保温系统的外观尺寸允许偏差

项目	允许偏差(mm)	检验方法
表面平整度	2	2 m 靠尺和塞尺检查

项目	允许偏差(mm)	检验方法
垂直度	3	经纬仪或吊线、尺量检查

8.4.8 玻纤网应铺压严实,铺贴平整,不得出现空鼓、褶皱、翘曲、外露等现象;搭接长度应符合设计要求,设计无要求时,各方向搭接不得小于 100 mm。

检查数量:每个检验批应抽查 10%,且不少于 3 处。

检验方法:观察,核查隐蔽工程验收记录。

附录A 外墙保温一体化系统耐候性试验方法

A.1 基本规定

外墙保温一体化系统耐候性试验应符合本附录及现行行业标准《外墙外保温工程技术标准》JGJ 144 的相关规定。

A.2 试验设备

耐候性试验设备应符合现行行业标准《外墙外保温系统耐候性试验方法》JG/T 429 对试验设备的要求,并应采用电动加载方式的数显式粘结强度检测仪,拉伸速度应为(5 ± 1)mm/min。

A.3 试样制备

A.3.1 试样数量和尺寸

试样数量 1 个,试样位于耐候箱体开口部位内侧部分的高度不应小于 2.00 m,长度不应小于 3.00 m。

A.3.2 试样的制作

1 试验用预制反打保温墙板应在工厂中制作,其混凝土厚度应为 200 mm;混凝土浇筑时,坍落度应为 160 mm～200 mm,并应采用振捣棒将混凝土振捣至表面泛浆密实。保温板厚度不应小于 55 mm。

2 试验墙板左上角应留有窗洞,尺寸应为 600 mm×400 mm。

3 试验墙板制作时的配筋应按图 A.3.2-1 进行布置。

4 试验墙板制作时的保温板应按图 A.3.2-2 进行排版设计。

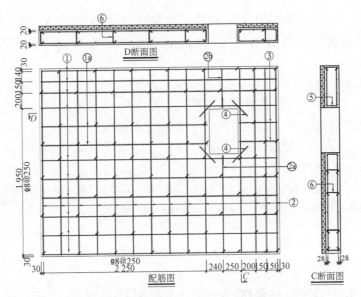

图 A.3.2-1 试验墙板制作时的配筋图(mm)

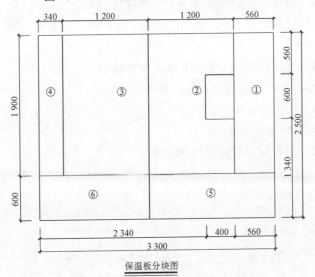

保温板分块图

图 A.3.2-2 试验墙板制作时的保温板排版设计(mm)

5 抹面层应按系统供应商的施工方案施工,试验时应记录抹面层材料种类,并应将施工方案与试验原始记录一起存档。

A.3.3 试样养护

预制反打保温墙板抹面层施工完成后,应在室内进行养护。室内空气温度不应低于10℃,相对湿度不应低于30%,应至少养护28 d,并应记录试样养护环境条件。

A.3.4 试样安装

将试样固定到耐候箱体开口部位。试样四周与耐候箱体接触部位不应有缝隙,并应使用密封胶进行密封防水处理。

A.4 试验和记录

A.4.1 耐候性试验和记录

1 耐候性试验循环步骤应按照现行行业标准《外墙外保温工程技术标准》JGJ 144 的规定进行,其中第一阶段的高温-淋水循环应为 160 次,第三阶段的加热-冷冻循环应为 10 次。

2 每 4 次高温-淋水循环和每次加热-冷冻循环后,应观察试验墙板出现裂缝、空鼓、脱落等情况并做记录。

3 耐候性试验结束后,应进行 7 d 的状态调节,之后方可进行拉伸粘结强度试验。

A.4.2 拉伸粘结强度试验和记录

1 拉伸粘结强度试验参照现行行业标准《建筑工程饰面砖粘结强度检验标准》JGJ/T 110 进行。

2 测点尺寸应为 100 mm×100 mm,6 个测点应在试件表面均布。

3 试样断缝应切割至保温板内部不大于 5 mm。

4 应记录试样破坏状态。

5 拉伸粘结强度的计算应取 6 个检测值中间 4 个的算术平

均值,精确至 0.01 MPa。

A. 4. 3　当耐候性试验和系统的拉伸粘结强度均满足本标准表 4.1.2 中规定的要求时,则判定系统耐候性合格;否则,判定为不合格。

附录 B 锚固件与保温板反向拉拔力试验方法

B.1 试验设备

B.1.1 拉伸试验机应能显示并记录试验过程中的力-位移曲线，其范围和行程应能满足试验要求，试验值应为最大值的 20%～80%，精度为 0.1%。

B.1.2 专用夹具应由金属托板、金属固定框、锚杆夹具和连接头构成，金属托板由连接头与拉伸试验机的底座连接并固定，锚杆夹具由连接头与拉伸试验机连接，以对试样施加载荷。

B.1.3 不锈钢锚固件锚杆夹具用以夹持固定锚固件锚杆，与拉伸试验机连接(图 B.1.3)。

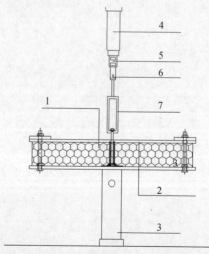

1—保温板+连接件;2—保温板夹具;3—固定座;4—液压顶;
5—传感器;6—连接器;7—连接夹具

图 B.1.3 反向拉拔试验示意图

B.2 试 样

B.2.1 试样数量和尺寸

1 试样数量应为 6 个。

2 保温板应为板状,尺寸应为 600 mm×600 mm,扣除边缘夹具尺寸后为 500 mm×500 mm,厚度不应小于 55 mm。

3 保温板表面应平整,无外观质量缺陷。

B.2.2 试样的制备

1 试样制备前,保温板应在温度(20±5)℃、相对湿度(60±10)%环境下放置 24 h。

2 用橡皮锤将锚固件安装在保温板的中心部位,锚固件尾盘应紧密贴合保温板下表面,螺杆应露出保温板至少 50 mm。

3 试样的制备应确保保温板中心、露出锚杆的锚固件位于同一轴线上。试样组成示意见图 B.2.2。

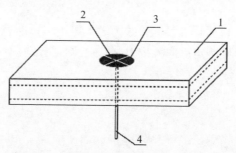

1—保温板;2—锚固件;3—锚固件尾盘;4—锚固件锚杆

图 B.2.2 试样组成示意图

B.3 试验步骤

B.3.1 先将试样放置在金属托板上,然后将金属固定框放置在试样上表面,并采用螺栓固定。

B.3.2 将夹具夹持固定锚固件锚杆,并与拉伸试验机连接。

B.3.3 拉伸速率设置为(10±1)mm/min。

B.3.4 当应力达到峰值后,拉伸继续变形 2 mm 范围内应力没有增加,则该峰值为最大应力。记录最大拉伸荷载和试样破坏形态,精确至 0.1 kN。试验过程中应记录力-位移曲线。

B.4 试验结果

B.4.1 以一组 6 个试样试验值的算术平均值作为该组的反向拉拔力。当 6 个试验值中只有 1 个超过该组平均值的±20%时,应剔除该试验值,再以剩余 5 个试件的平均值作为该组的反向拉拔力。当 6 个试验值中有 2 个或 2 个以上超过该组平均值的±20%时,则该组试验结果无效。

单个反向拉拔力结果精确至 0.1 kN,算术平均值精确至 0.1 kN。

B.4.2 当一组试样的反向拉拔力大于等于本标准表 4.1.2 中规定的要求时,则判定反向拉拔力合格;否则,判定为不合格。

附录 C 锚固件与保温板局部承压力试验方法

C.1 试验设备

C.1.1 万能试验机应能显示并记录试验过程中力-位移曲线,其范围和行程应能满足试验要求,精度为 0.1%。

C.1.2 专用压板由支撑压架和连接头构成,支撑压架用于放置在保温板上,并通过连接头与拉伸试验机相连,以对保温板剪切面施加载荷。

C.2 试 样

C.2.1 试样数量和尺寸

  1 试样数量应为一组 5 个。

  2 混凝土:强度等级应为 C30,采取竖向现浇,混凝土尺寸应为 400 mm×300 mm×200 mm。

  3 保温板:应从完整的保温板上切割,外观应完整,尺寸应为 400 mm×200 mm×厚度。

  4 塑料薄膜:尺寸不应小于 400 mm×200 mm。

C.2.2 试样的制备

  1 将模具置于混凝土振动台上。

  2 将切割好的保温板在混凝土墙面两侧高度方向居中设置,保温板中心位置各预埋 1 个锚固件,锚固件与混凝土和保温板交界面应保持垂直。

  3 混凝土和保温板之间应设置塑料薄膜进行隔断,试样模型可参照图 C.2.2。

4 按国家标准《混凝土外加剂》GB 8076—2008 第 6 章规定的方法拌合混凝土,混凝土坍落度应为 160 mm~200 mm。

5 将搅拌好的混凝土均匀浇筑在布置好保温板和锚固件的模具中,将混凝土振捣至表面泛浆密实并抹平。

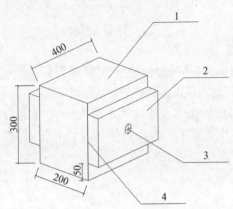

1—混凝土;2—保温板;3—锚固件;4—塑料薄膜

图 C.2.2 试样模型

C.2.3 试样的养护

试样制备完成后,应在室内进行养护,室内空气温度(20±2)℃,相对湿度 45%~75%,养护 7 d。

C.3 试验步骤

C.3.1 将试样置于万能试验机底座中心位置,试样的中心线应与试验机底座、压板的轴线重合。

C.3.2 对试样两侧保温板上表面施加竖向荷载。

C.3.3 试验采用匀速连续加荷方法,避免冲击,加荷速度应为(10±1)mm/min。当应力达到峰值后,压载继续变形 2 mm 范围内应力没有增加,则该峰值为最大应力。记录最大荷载和试样破坏形态,精确至 0.1 kN。

C.4　试验结果

C.4.1　单个试样的最大荷载除以 2 后乘以 0.9(不均匀系数)得到该试样的试验值,以一组 5 个试样试验值的算术平均值为该组的局部承压力。当 5 个试验值中只有 1 个超过该组平均值的±20%时,应剔除该试验值,再以剩余 4 个试样的平均值为该组局部承压力。当 5 个试验值中有 2 个或 2 个以上超过该组平均值的±20%时,则该组试验结果无效。

单个局部承压力结果精确至 0.1 kN,算术平均值精确至 0.1 kN。

C.4.2　当一组试样的局部承压力满足本标准表 4.1.2 中规定的要求时,则判定局部承压力合格;否则,判定为不合格。

附录D 保温板面平整度试验方法

D.1 试验设备

D.1.1 靠尺：量程应为2 m。

D.1.2 楔型塞尺：精度应为0.01 mm。

D.2 试样数量和尺寸

从样品中随机抽取1块保温板制品，试样的尺寸应为2 400 mm×1 200 mm×厚度。

D.3 试验步骤

D.3.1 受检保温板两面分别测量3处，每处测量3个点，每面测量9个点，两面共计18个点。

D.3.2 第一处：靠尺中点靠近板面中心，使靠尺尺身重合于板面的一条对角线，3个测点等距分布于对角线上。

D.3.3 第二处和第三处：靠尺位置关于板面中心对称，一端位于板面另一条对角线端点，另一端交于对边中心，如图D.3.3所示。每处各3个测点，等距分布。

D.3.4 用靠尺和楔型塞尺测量。记录每个测点靠尺与板面最大间隙的读数，精确至0.1 mm。

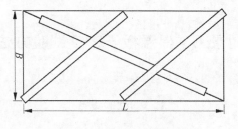

图 D.3.3　测量位置示意图

D.4　试验结果

取 18 处测量数据的最大值为保温板平整度,修约至 0.5 mm。

附录 E 保温板干密度试验方法

E.1 试验设备

E.1.1 电热鼓风干燥箱、温度偏差应能控制在±2℃。

E.1.2 天平:量程应满足试样称量要求,分度值应为0.01 g。

E.1.3 钢直尺:分度值应为1 mm。

E.1.4 游标卡尺:分度值应不低于0.05 mm。

E.1.5 干燥器:尺寸应能放置试样。

E.2 试样制备

E.2.1 试样数量和尺寸

  1 随机抽取3块样品,每块样品上制备3个试样,共9个试样。

  2 在每块保温板的对角线位置均匀取3块长度为(100±1)mm、宽度为(100±1)mm、厚度为保温材料制品厚度的试样。

E.3 试验步骤

E.3.1 将试样置于电热鼓风干燥箱内,缓慢升温至(65±2)℃(若粘结材料在该温度下发生变化,则应低于其变化温度10℃),烘干至恒定质量,然后移至干燥器中冷却至室温。恒定质量的判据为恒温3 h两次称量试样质量的变化率应小于0.2%。

E.3.2 测量试样的几何尺寸,并计算试样的体积 V。试样尺寸测量应符合国家标准《无机硬质绝热制品试验方法》GB/T 5486—

2008 中第 4 章的规定。

E.3.3 称量烘干至质量恒重的保温板质量,记为 G_0。保温板如采用构造加强的内置钢丝网,则应将其中的钢丝网取出,清除钢丝网表面的保温材料,称量钢丝网的质量,记为 G_1;如保温板无内置钢丝网,则 G_1 取值为零。精确至 0.01 g。

E.4 试验结果

E.4.1 试样的密度应按式(E.4.1)计算。

$$\rho = \frac{G_0 - G_1}{1\,000\,V}$$ (E.4.1)

式中:
ρ——试样的密度(kg/m³);

G_0——试样烘干后的质量(g);

G_1——试样烘干后,取出的钢丝网质量(g);

V——试样的体积(m³)。

单个试样的干密度结果精确至 1 kg/m³,算术平均值精确至 1 kg/m³。

E.4.2 保温板干密度为一组 9 个试样密度的算术平均值。当该值满足本标准表 4.2.5-3 中规定的要求时,则判定干密度合格;否则,判定为不合格。

附录 F 保温板抗压强度试验方法

F.1 试验设备

F.1.1 压力试验机或万能试验机:相对示值误差应小于1‰,试验机应具有显示受压变形装置。

F.1.2 电热鼓风干燥箱:温度偏差应能控制在±2℃。

F.1.3 干燥器:尺寸应能放置试样。

F.1.4 天平:量程应满足试样称量要求,分度值应为0.1g。

F.1.5 钢直尺:分度值应为1mm。

F.1.6 游标卡尺:分度值不应低于0.02mm。

F.2 试样制备

F.2.1 试样数量和尺寸

1 随机抽取2块保温板样品,每块样品上制备3个试样,共6个试样。

2 在每块保温板的对角线位置均匀取3块长度为(100±1)mm、宽度为(100±1)mm、厚度为保温材料制品厚度的试样。

F.3 实验室环境条件

试验应在温度(20±5)℃、相对湿度(60±10)%的环境中进行。

F. 4 试验步骤

F. 4. 1 将试样置于电热鼓风干燥箱内,按本标准 E. 3. 1 的规定烘干至恒定质量,然后将试样移至干燥器中冷却至室温。

F. 4. 2 在试样上、下两受压面距棱边 10 mm 处用钢直尺(试样尺寸小于 100 mm 时用游标卡尺)测量长度和宽度,在厚度的两个对应面的中部用钢直尺测量试样的厚度。长度和宽度测量结果分别为 4 个测量值的算术平均值,精确至 1 mm(试样尺寸小于 100 mm 时精确至 0. 5 mm),厚度测量结果为 2 个测量值的算术平均值,精确至 1 mm。

F. 4. 3 将试样置于试验机的承压板上,使试验机承压板的中心与试样中心重合。

F. 4. 4 开动试验机,当上压板与试样接近时,调整球座,使试样受压面与承压板均匀接触。

F. 4. 5 以(10±1)mm/min 速度对试样加荷,直至试样破坏,同时记录压缩变形值。当试样在压缩变形 5%时没有破坏,则试样压缩变形 5%时的荷载为破坏荷载。记录破坏荷载 P_1,精确至 10 N。

F. 5 试验结果

F. 5. 1 每个试样的抗压强度应按式(F. 5. 1)计算,精确至 0. 01 MPa。

$$\sigma = \frac{P_1}{S} \tag{F. 5. 1}$$

式中: σ ——试样的抗压强度(MPa);

P_1 ——试样的破坏荷载(N);

S ——试样的受压面积(mm^2)。

F.5.2 保温板的抗压强度应为 6 个试样抗压强度的算术平均值,精确至 0.01 MPa。当该值满足本标准表 4.2.5-3 中规定的要求时,则判定抗压强度合格;否则,判定为不合格。

附录 G 保温板与混凝土拉伸粘结强度试验方法

G.1 试验设备及材料

G.1.1 粘结强度检测仪应符合现行行业标准《数显式粘结强度检测仪》JG/T 507 的规定。

G.1.2 拉拔板用 45 号钢或铬钢材料制作,长×宽为 100 mm×100 mm,厚度为 6 mm~8 mm,拉拔板中心位置应有与拉伸粘结强度检测仪连接的接头(图 G.1.2)。

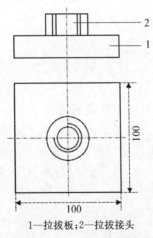

1—拉拔板;2—拉拔接头

图 G.1.2 拉拔板示意图

G.1.3 模具内框尺寸为 500 mm×500 mm,厚度为 255 mm,尺寸允许偏差为(0,+5)mm。

G.1.4 保温板尺寸为 500 mm×500 mm,厚度为 55 mm。保温板表面应平整,无外观质量缺陷,并应符合本标准表 4.2.5-3 的规定。

G.1.5 混凝土强度等级为 C30 级,配合比应符合现行行业标准《普通混凝土配合比设计规程》JGJ 55 的规定。混凝土所用原材料应符合现行国家标准《混凝土结构工程施工质量验收规范》GB 50204 的规定。

G.2 试 样

G.2.1 试样数量和尺寸

1 模具成型试样数量应为 1 个,长度、宽度均为 500 mm,厚度为 255 mm。

2 测试试样数量应为 5 个,每个试样尺寸为 100 mm×100 mm。

G.2.2 试样的制作

1 将模具置于坚实、平整的地面上。

2 将切割好的保温板放置在模具底部。

3 按国家标准《混凝土外加剂》GB 8076—2008 第 6 章规定的方法拌合混凝土,混凝土坍落度应为 160 mm~200 mm。

4 将搅拌好的混凝土均匀浇筑在布置好保温板的模具中,采用振捣棒将混凝土振捣至表面泛浆密实并抹平。

5 试样成型抹面后应立即用塑料薄膜覆盖表面,或采取其他保持试样表面湿度的方法。

G.2.3 试样的养护

1 试样成型后应在温度为(20±5)℃的室内静置 24 h,试样静置期间应避免受到振动和冲击,静置后编号标记、拆模。当试样有严重缺陷时,应按废弃处理。

2 试样拆模后应立即放入温度为(20±2)℃、相对湿度为95％以上的标准养护室中养护。标准养护室内的试样应放在支架上,彼此间隔 10 mm~20 mm,试样表面应保持潮湿,但不得用水直接冲淋试样。将试样在标准试验条件下养护 24 d。

3 在温度(20±5)℃的环境中静停 48 h,然后按 G.3 的规定,进行试样切割和拉伸粘结强度测试。

G.3 试验步骤

G.3.1 采用切割机从保温层表面进行试样切割,切割位置如图 G.3.1 所示,切割尺寸应为 100 mm×100 mm,断缝应切割至混凝土层,深度应一致,试样数量应为 5 件。

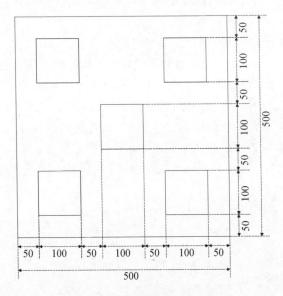

图 G.3.1 试样切割位置示意图

G.3.2 在切割后的试件表面涂上粘合剂,然后将拉拔板对正位置放在粘合剂上,并确保拉拔板不歪斜,养护 24 h。

G.3.3 将拉拔板接头安装于拉拔仪上,拉伸速度应为 5 mm/min,应拉伸至破坏并记录破坏时的拉力值及破坏部位;破坏面不在保温层内时,数据应记为无效。

G.4 试验结果

G.4.1 拉伸粘结强度应按式(G.4.1)计算。

$$\sigma_b = \frac{P_b}{A} \qquad\qquad (G.4.1)$$

式中:σ_b——拉伸粘结强度(MPa);

P_b——破坏荷载(N);

A——试样面积(mm^2)。

单个试样的拉伸粘结强度应精确至 0.001 MPa。

G.4.2 以一组 5 个试样试验值的算术平均值作为该组的拉伸粘结强度。当 5 个试验值中只有 1 个超过该组平均值的±20%时,应剔除该试验值,再以剩余 4 个试件的平均值作为该组的拉伸粘结强度。当 5 个试验值中有 2 个或 2 个以上超过该组平均值的±20%时,则该组试验结果无效。

拉伸粘结强度的平均值应精确至 0.01 MPa。

附录 H   保温板体积吸水率试验方法

H.1   试验设备及材料

H.1.1   电热鼓风干燥箱:温度偏差应能控制在±2℃。

H.1.2   水箱:容量应能浸泡试样,水箱的长度宜大于1 000 mm,宽度宜大于450 mm。

H.1.3   钢直尺:标称长度不应小于500 mm,分度值应为1 mm。

H.1.4   游标卡尺或数显卡尺:分度值不应大于0.05 mm。

H.1.5   电子天平:分度值不应大于0.1 g。

H.1.6   干燥器:应能放置试样。

H.1.7   格栅:由断面约为20 mm×20 mm的不易腐烂的材料制成,格栅与试样的接触面积不应大于试样面积的10%。

H.1.8   毛巾。

H.1.9   软质聚氨酯泡沫塑料(海绵):尺寸应为180 mm×100 mm×40 mm,并应符合现行国家标准《通用软质聚醚型聚氨酯泡沫塑料》GB/T 10802中等级22N的要求。

H.2   试样制备

H.2.1   试样数量和尺寸

试样数量应为一组3块。试样尺寸应为长度(400±1)mm、宽度(300±1)mm,厚度宜为保温板样品厚度。

H.2.2   试样的制作

应以供货形态制备试样。从样品中随机抽取3块,每块抽取的样品分别制备1块试样,取样部位距离样品边缘不应小于50 mm。

H.3 实验室环境条件

试验应在温度(20±5)℃、相对湿度(60±10)%的环境中进行。

H.4 试验步骤

H.4.1 将试样置于电热鼓风干燥箱内,按本标准 E.3.1 的规定烘干至恒定质量,然后将试样移至干燥器中冷却至室温。

H.4.2 称量干燥后的试样质量 G_g,精确至 0.1 g。

H.4.3 应按国家标准《无机硬质绝热制品试验方法》GB/T 5486—2008 中第 4 章的规定测量试样的长度、宽度和厚度,精确至 1 mm,计算试样的体积 V。

H.4.4 将试样水平放置在水箱底部的格栅上,试样距周边及试样间距不应小于 25 mm。将另一格栅放置在试样上表面,加上重物。

H.4.5 将温度为(20±5)℃的自来水加入水箱中,水面应高出试样表面(25~30)mm。注水完毕开始计时,浸水时间应为(48±1)h。

H.4.6 试样取出后应立放在拧干水分的毛巾上,排水(10±1)min,然后用软质聚氨酯泡沫塑料(海绵)吸去试样表面吸附的残余水分。吸水之前要用力挤出软质聚氨酯泡沫塑料(海绵)中的水,然后放置在试样表面均匀地吸附表面的残余水分,吸附时将软质聚氨酯泡沫塑料(海绵)压缩至其厚度的 50%。每一表面应至少吸水 2 次,每次吸水(60±5)s,直至试样表面无可见的残余水分。

H.4.7 称量浸水后试样的质量 G_s,精确至 0.1 g。

H.5　试验结果

H.5.1　每个试样的体积吸水率应按式(H.5.1)计算,精确至
0.01%。

$$W_T = \frac{G_s - G_g}{V \cdot \rho_w} \times 100 \qquad (H.5.1)$$

式中：W_T——试样体积吸水率(%)；

　　　G_s——浸水后的试样质量(g)；

　　　G_g——浸水前的试样质量(g)；

　　　V——试样的体积(cm^3)；

　　　ρ_w——自来水的密度,取 1 g/cm^3。

H.5.2　体积吸水率应为 3 个试样体积吸水率的算术平均值,精
确至 0.1%。当该值满足本标准表 4.2.5-3 中规定的要求时,则
判定体积吸水率合格;否则,判定为不合格。

附录 J 保温板软化系数试验方法

J.0.1 采用本标准 F.2 方法制备试样,另取出 6 块试样,浸入温度为(20±5)℃的水中,水面应高出试样 20 mm,试样间距应大于5 mm,48 h 后从水中取出,擦去表面附着的水分,按附录 F 第F.4.2~F.4.5 条的规定进行抗压强度的测定,取 6 块试样检测值的算术平均值作为浸水后的抗压强度值 σ_1。

J.0.2 软化系数应按下式进行计算:

$$\varphi = \frac{\sigma_1}{\sigma_0} \qquad (J.0.2)$$

式中:φ——软化系数,精确至 0.01;

σ_1——浸水后的抗压强度(MPa);

σ_0——抗压强度(MPa)。

J.0.3 保温板软化系数为一组 6 个试样软化系数的算术平均值。当该值满足本标准表 4.2.5-3 中规定的要求时,则判定软化系数合格;否则,判定为不合格。

附录 K 锚固件尾盘抗拉承载力试验方法

K.1 试验设备

K.1.1 拉伸试验机的精度不应低于 1%,加载速率可控制在 (1 000±200)N/min,并应能记录位移-载荷曲线。

K.1.2 专用夹具应由支撑圆环和连接头构成(图 K.1.2-1),支撑圆环用于支撑锚盘并通过连接头与拉伸试验机相连,以对锚盘施加载荷。支撑圆环与锚盘接触的部位应开有槽口,以嵌入锚盘的加强肋,避免荷载直接施加到加强肋上。支撑圆环宜采用固定的形状和尺寸(图 K.1.2-2),确保对锚盘施加载荷的位置处于锚盘半径 15 mm 处。

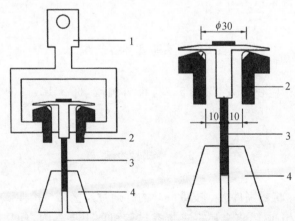

(a) 测试装置与试验机连接示意　　(b) 测试装置细部尺寸(mm)

1—与拉伸试验机相连的连接头;2—支撑圆环;3—带圆头的金属杆;
4—拉伸试验机下夹具

图 K.1.2-1　测试装置示意图

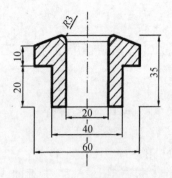

图 K.1.2-2 支撑圆环示意图

K.1.3 带有圆头的钢质金属杆。金属杆的圆头直径应为(15.0±
0.2)mm,厚度不宜小于 3 mm;金属杆的杆径不宜小于 5 mm。

K.2 试样制备

试样数量应为 3 个。

K.3 实验室环境条件

试验应在温度(20±5)℃、相对湿度(60±10)%的条件下
进行。

K.4 试验步骤

K.4.1 将锚固件放入支撑圆环内并通过连接头与拉伸试验机的
上夹具相连接,将金属杆夹持在试验机的下夹具内,杆身应处在
试验机夹具的轴线上。

K.4.2 启动试验机,通过支撑圆环对锚盘的内侧施加拉伸荷载,
加载速率应为(1 000±200)N/min。

K. 4. 3　加载至锚盘破坏,记录破坏荷载、位移-载荷曲线及破坏形态。

K. 5　试验结果

K. 5. 1　以一组 3 个试样测定值的算术平均值为尾盘抗拉承载力试验值 R_{pm}。

　　单个尾盘抗拉承载力结果精确至 0.1 kN,算术平均值精确至 0.1 kN。

K. 5. 2　锚固件尾盘抗拉承载力 R_{pm} 为锚固件尾盘抗拉承载力的检验要求。当该值大于等于本标准表 4.2.7-3 中规定的要求时,则判定尾盘抗拉承载力合格;否则,判定为不合格。

本标准用词说明

1 为便于在执行本标准条文时区别对待,对于要求严格程度不同的用词说明如下:

1) 表示很严格,非这样做不可的用词:

正面词采用"必须";

反面词采用"严禁"。

2) 表示严格,在正常情况下均应这样做的用词:

正面词采用"应";

反面词采用"不应"或"不得"。

3) 表示允许稍有选择,在条件许可时首先应这样做的用词:

正面词采用"宜";

反面词采用"不宜"。

4) 表示有选择,在一定条件下可以这样做的用词,采用"可"。

2 标准中指明应按其他相关标准、规范执行时,写法为"应符合……的规定"或"应按……执行"。

引用标准名录

1 《混凝土外加剂》GB 8076

2 《建筑材料及制品燃烧性能分级》GB 8624

3 《建筑用墙面涂料中有害物质限量》GB 18582

4 《建筑模数协调标准》GB/T 50002

5 《建筑结构荷载规范》GB 50009

6 《混凝土结构设计规范》GB 50010

7 《建筑抗震设计规范》GB 50011

8 《建筑结构可靠性设计统一标准》GB 50068

9 《民用建筑热工设计规范》GB 50176

10 《混凝土结构工程施工质量验收规范》GB 50204

11 《建筑装饰装修工程施工质量验收规范》GB 50210

12 《建筑工程施工质量验收统一标准》GB 50300

13 《建筑节能工程施工质量验收标准》GB 50411

14 《混凝土结构工程施工规范》GB 50666

15 《混凝土结构通用规范》GB 55008

16 《工程结构通用规范》GB 55001

17 《建筑与市政工程抗震通用规范》GB 55002

18 《钢结构通用规范》GB 55006

19 《建筑节能与可再生能源利用通用规范》GB 55015

20 《金属材料拉伸试验 第 1 部分:室温试验方法》
  GB/T 228.1

21 《无机硬质绝热制品试验方法》GB/T 5486

22 《增强材料机织物试验方法 第 5 部分:玻璃纤维拉伸
  断裂强力和断裂伸长的测定》GB/T 7689.5

23　《增强制品试验方法　第 3 部分:单位面积质量的测定》
GB/T 9914.3

24　《绝热材料稳态热阻及有关特性的测定　防护热板法》
GB/T 10294

25　《绝热材料稳态热阻及有关特性的测定　热流计法》
GB/T 10295

26　《玻璃纤维网布耐碱性试验方法氢　氧化钠溶液浸泡
法》GB/T 20102

27　《不锈钢和耐热钢　牌号及化学成分》GB/T 20878

28　《金属弹性模量和泊松比测试标准》GB/T 22315

29　《模塑聚苯板薄抹灰外墙外保温系统材料》GB/T 29906

30　《建筑门窗附框技术要求》GB/T 39866

31　《装配式混凝土建筑用预制部品通用技术条件》
GB/T 40399

32　《装配式混凝土结构技术规程》JGJ 1

33　《普通混凝土配合比设计规程》JGJ 55

34　《建筑施工安全检查标准》JGJ 59

35　《玻璃幕墙工程技术规范》JGJ 102

36　《建设工程施工现场环境与卫生标准》JGJ 146

37　《钢筋套筒灌浆连接应用技术规程》JGJ 355

38　《预制混凝土外挂墙板应用技术标准》JGJ/T 458

39　《外墙外保温工程技术标准》JGJ 144

40　《建筑工程饰面砖粘结强度检验标准》JGJ/T 110

41　《建筑防水工程现场检测技术规范》JGJ/T 299

42　《外墙外保温系统耐候性试验方法》JG/T 429

43　《数显式粘结强度检测仪》JG/T 507

44　《热固复合聚苯乙烯泡沫保温板》JG/T 536

45　《聚氨酯建筑密封胶》JC/T 482

46　《耐碱玻璃纤维网布标准》JC/T 841

47 《混凝土接缝用建筑密封胶》JC/T 881

48 《丙烯酸酯建筑密封胶》JC/T 484

49 《建筑锚栓抗拉拔、抗剪性能试验方法》DG/TJ 08—003

50 《预制混凝土夹心保温外墙板应用技术标准》DG/TJ 08—
   2158

51 《公共建筑节能设计标准》DGJ 08—107

52 《建筑节能工程施工质量验收规程》DGJ 08—113

53 《居住建筑节能设计标准》DGJ 08—205

54 《装配整体式混凝土结构预制构件制作与质量检验规程》
   DGJ 08—2069

55 《建筑幕墙工程技术标准》DG/TJ 08—56

56 《装配整体式混凝土居住建筑设计规程》DG/TJ 08—2071

57 《装配整体式混凝土结构施工及质量验收标准》
   DG/TJ 08—2117

58 《装配整体式混凝土公共建筑设计标准》DG/TJ 08—2154

59 《钢丝及其制品锌或锌铝合金镀层》YB/T 5357

上海市工程建设规范

外墙保温一体化系统应用技术标准
（预制混凝土反打保温外墙）

DG/TJ 08—2433A—2023
J 17040—2023

条 文 说 明

目　次

Contents

1 总 则

1.0.1 预制反打保温外墙系统将装配式建筑和建筑节能融合为一体,符合"节能、降耗、减排、环保"的基本国策,能促进装配式混凝土建筑和建筑节能协同发展,也是实现建筑业可持续低碳发展的重要手段。编制本标准能更好地保证预制反打保温外墙系统的质量,在合理设计的基础上,规范施工过程及质量验收。

1.0.2 本条规定了本标准的适用范围。上海市房屋建筑采用预制反打保温外墙系统的设计、生产、安装与质量验收均可采用本标准。新建工业建筑和改扩建建筑的设计、生产、安装与质量验收也可参照本标准。预制反打保温外墙系统的保温层位于外墙外侧,见表4.1.1的基本构造示意图。根据建筑节能设计需要,必要时可在外墙内侧增加内保温系统。

1.0.3 本标准所涉及的条文内容主要对预制反打保温外墙系统与一般预制构件不同的方面做了相应的规定,因此与预制反打保温外墙系统的设计、生产、安装与质量验收相关的其他要求,尚应符合国家、行业和本市现行有关标准的规定。

3 基本规定

3.0.4 预制反打保温墙板是采用反打生产工艺,将相对较厚和较重的混凝土浇注在保温板上制作而成。在混凝土自重的作用下,混凝土和保温板界面紧密贴合,水泥浆体具有较好的水化条件,能较充分地保证保温板与混凝土之间具有良好的粘结性。同时,采用不锈钢材质的锚固件将保温板和混凝土进行锚固,是一体化系统的第二道安全防线。且锚固件的结构设计,是从"保温板和混凝土粘结完全失效"这一最不利角度考虑而提出相应的技术要求。以上技术措施可保障预制反打保温墙板的设计工作年限与主体结构相协调。接缝密封材料应在工作年限内定期检查、维护或更新,可参照现行上海市工程建设规范《建筑幕墙工程技术标准》DG/TJ 08—56 执行。

3.0.5 保温板外抹面胶浆采用薄抹灰是为了防裂、防水、抗冲击和保护保温层。抹面层过厚在外界气候条件长期作用下,更容易开裂、渗水,而且面层荷载过大也容易引起坠落。在设计时,应根据选用的抹面胶浆材料特性、建筑设计要求和项目状况等因素确定一个抹面层设计厚度定值,且该设计厚度定值不应大于 8 mm。

3.0.7 本条参照国家标准《建筑节能与可再生能源利用通用规范》GB 55015—2021 的第 3.1.19 条编写。预制反打保温外墙系统主要组成材料,包括保温板、锚固件、抹面胶浆、玻纤网等,应满足本标准的性能指标,且由同一供应商提供配套。系统组成材料相容性要求是根据行业标准《外墙外保温工程技术标准》JGJ 144—2019 的第 3.0.7 条编写,即保温板应与混凝土、抹面胶浆、锚固件等组成材料相容,确保保温板与混凝土、抹面胶浆粘结牢固。

4 系统和组成材料

4.1 预制反打保温外墙系统

4.1.1 本条规定了预制反打保温外墙系统的组成,其中预制反打保温墙板(包括预制混凝土、保温层及其锚固件)在工厂中预制,防护层(包括夹有玻纤网的抹面胶浆和饰面涂料)在工地现场施工。系统中的保温板通常位于外墙外侧。

预制反打保温墙板运输至工地现场并安装后,大多情况下,采用现浇混凝土保温墙体连接预制构件,再统一在保温板外进行防护层施工。

4.1.2 本条规定了预制反打保温外墙系统的性能要求,包括系统耐候性、耐冻融性等方面。

耐候性参照行业标准《外墙外保温工程技术标准》JGJ 144—2019 第 4.0.2 条编写;根据本系统特点,拉伸粘结强度提高到 0.20 MPa;由于试验墙片制作与粘贴型外墙外保温系统不同,为此编制了附录 A。

本标准采用粘结和锚固 2 道防线的构造设计思路,锚固件在系统中起到重要作用,是系统安全性的第二道保证。锚固件与保温板及混凝土通过工厂预制为墙板,因此锚固件与保温板的反向拉拔力与局部承压力(包括锚杆有套管、锚杆无套管)、锚固件与混凝土的抗拔承载力显得非常重要。本标准编制过程中,开展了大量锚固性能的验证试验。验证试验中采用的锚固件,是否满足本标准第 4.2.5 条的要求;采用的保温板(为工程中常见的典型保温板,采用 2 道镀锌钢丝网增强构造),是否满足本标准第 4.2.3 条和 4.2.4 条的要求。采用其他构造增强措施的保温板,不仅需验证保温板性能是否满足本标准的要求,还需验证锚固件与保温板、锚固件与混凝土是否满足要求。有关性能应根据表4.1.2规定的试验方法进行测试,得到的试验结果应满足表4.1.2的规定。

4.2 预制反打保温墙板及组成材料

4.2.1 预制混凝土反打保温外墙板,是在工厂采用模具制作、铺设保温板、布置锚固件、钢筋绑扎混凝土浇筑、养护等工序下生产的预制混凝土外墙构件。

表4.2.1-1所列的外观质量要求和试验方法参照国家标准《装配式混凝土建筑用预制部品通用技术条件》GB/T 40399—2021第7.1条编写。由于预制反打保温墙板同时有混凝土部分和保温板部分,为此增加了保温板部分的外观质量要求。

表4.2.1-2为预制反打保温墙板外形尺寸的允许偏差,参照国家标准《装配式混凝土建筑用预制部品通用技术条件》GB/T 40399—2021第7.2.1条编写,根据该保温墙板的特点,明确了混凝土部分和保温板部分的要求。保温板的质量要求见本标准第4.2.5条。

本条要求的外观质量和尺寸偏差,指的是修补后、出厂时的质量要求。生产过程中出现的外观质量偏差,可以根据相关标准规定进行修补。

4.2.2 本条中的混凝土指预制反打保温墙板在工厂预制生产用混凝土,其强度等级应根据工程项目的建筑结构设计确定。

4.2.3 其他规格的非标产品,由供需双方协商决定。

4.2.5 本条提出的保温板外观质量、规格尺寸与允许偏差、性能指标要求等,是基于目前工程中常用的典型产品,并开展了验证性试验后得到的。保温板性能要求(见表4.2.5-3),是基于本标准第4.2.6条的规定而确定的。当采用其他构造加强措施或制备工艺的保温板,需确认保温板性能满足本条的规定。

与传统保温材料性能要求相比,表 4.2.5-3 中增加了"保温板与混凝土的拉伸粘结强度"。在传统外墙外保温系统中,采用框粘法把保温板粘贴在基层墙体上(通常为抹灰砂浆层),对胶粘剂同时提出了"与水泥砂浆"和"与保温板"的拉伸粘结强度要求(见行业标准《外墙外保温工程技术标准》JGJ 144—2019 第 4.0.5 条)。本标准规定的反打系统,是把混凝土直接浇筑在保温板上,为此提出了保温板与混凝土之间的拉伸粘结强度要求

本标准规定的保温板,应用于预制反打保温墙板中,在其制作时,保温板是垫放在钢质模具中的,并不承受弯矩作用。因此,未给出压缩弹性模量、弯曲变形的要求。

4.2.6 为预防保温板坠落等安全隐患的发生,本标准采用粘结和锚固 2 道防线的构造设计思路,故在系统中提出了锚固性能要求,这不仅是对锚固件的要求,同时也是对保温板的要求。因此,与传统无构造单一保温材料相比,本标准要求保温板应采取构造加强措施。

保温板的构造加强措施可能有多种形式和材料,目前市场上常见的典型保温板,是在保温板内部采用 2 道钢丝网增强。为保证钢丝焊接网的耐久性,应采取热浸镀工艺镀锌。

钢丝焊接网的网孔和丝径应根据保温板的构造要求和生产工艺进行设置,故本条未作强制规定和要求。

4.2.7 锚固件将保温板与预制混凝土拉结锚固,其圆盘在保温板外侧,杆身穿过保温层埋设于预制混凝土中,是防止保温板脱落的第二道防线。锚固件采用不锈钢材质,可提高长期耐久性能。

市场上的锚固件尾盘及锚杆的套管可采用符合行业标准《外墙保温用锚栓》JGT 366—2012 第 5.2 条规定的聚酰胺、聚乙烯或聚丙烯材料包覆或采用套管。表 4.2.7-2 所示规格,均为不锈钢部分的尺寸,不包含包覆或套管部分。为保证锚杆与混凝土的抗

拔承载力,套管不应埋设于混凝土中,即埋设于混凝土部分的锚杆应为锚杆的不锈钢材质部分。满足表4.2.7-3要求的锚固件尾盘厚度,应满足表4.2.7-2的要求,即尾盘厚度不小于1.2 mm。

锚固件的选用,应符合结构设计和本标准第5.5节的规定。

4.3 防护层材料

4.3.1 拉伸粘结强度和可操作时间试件制作时采用的保温板,应为预制反打保温外墙系统中应用的保温板,并应符合本标准第4.2.5条的规定。

4.3.2 玻纤网应在水泥碱性环境中保留较高的断裂强力,因此耐碱断裂强力是玻纤网的最重要指标。表4.3.2所列性能要求,是基于国家标准《建筑节能与可再生能源利用通用规范》GB 55015—2021第6.2.8条编写的,其中:① 耐碱断裂强力从大于等于1 000 N/50 mm,提高到大于等于1 200 N/50 mm;② 耐碱断裂强力保留率从50%提高到65%,即体现玻纤网本身制造质量的拉伸断裂强力(即原强力)需达到1 800 N/50 mm左右;③ 断裂伸长率从小于等于5.0%降低到4.0%;④ 增补了可燃物含量,反映了玻纤网上有机材料的涂覆量,是提高玻纤网耐碱性的关键指标。经有关检验机构检验,目前市场供应的玻纤网能达到这些指标的要求,可满足工程需求。

4.4 其他材料

4.4.1 预制反打保温系统工程施工中采用的密封胶,应根据具体使用部位、需被密封处理的材料品种而确定。

界面剂通常用于保温板与抹面胶浆之间,也可用于保温板局部找平或修补时的界面处理。界面剂应与保温板、抹面胶浆相容,应能充分保证粘结牢固,并经试验确定。

拼缝部位的处理，目前工程上也采用研发的专用防水抗裂材料，可满足防水、变形以及与表层和基层的粘结要求。

保温板在安装时可能局部发生破损，当破损面积不大时，可采用 M5 以上的轻质修补砂浆修补，并且耐久性良好。必要时，可采用界面剂进行界面处理后，再涂抹修补砂浆。

界面剂、防水抗裂材料、轻质修补砂浆、聚合物砂浆等工程应用的辅材，在选择和使用前，均应验证其适用性。

5 设 计

5.1 一般规定

5.1.1 本条中的预制混凝土外墙含预制剪力墙及非承重的预制外围护墙。

5.1.2 系统在由正常荷载及室外气候,如自重、温度、湿度和收缩以及主体结构位移和风力等反复作用下引起的联合应力作用下应能保持稳定;系统在正常使用(如一般事故、意外冲击的作用下或标准的维修在其上支靠等)及地震作用下应能避免外保温工程的脱落风险。

5.1.7 预制反打保温外墙系统的保温板或局部后置的保温板,往往与相邻的现浇混凝土部分的保温板采用密拼的方式结合,即中间缝隙小。若保温板材料不同,保温板的伸缩变形、受力等也会有差异,容易导致保温板开裂,而引起抹面层的裂缝或脱落。

5.2 立面设计

5.2.1 采用模数化要求进行预制反打保温墙板尺寸控制,最大限度考虑采用标准化预制构件,尽量减少立面预制构件的规格种类,可有效降低生产建造成本。

5.2.2 为避免装饰性线条或面板脱落的风险,明确装饰性线条或面板锚栓、龙骨、钢筋等金属连接件与主体结构应有可靠连接。

5.3 防水与抗裂

5.3.1 项目中预制反打保温板与现浇保温墙体、保温装饰复合板外保温系统或幕墙系统等共同组成了建筑的外围护系统。预制反打保温墙板与现浇混凝土保温外墙阴阳角交接处或阳台与混凝土栏板或砌块墙交接处,存在施工的先后顺序,应综合考虑外饰面的构造,避免接缝处网格布的不交错、搭接不连续等问题而引起抹面层开裂、剥落的情况。

5.3.2 水平板面与外墙交接的阴角部位是外墙渗漏水的重点部位,保证防水层的延续性及接缝处的密封设计是防水最基本的要求。

5.3.3 建筑外墙部品包括外墙立管、空调支架和外挑金属遮阳板等。外墙预埋件大都具有承载作用,易发生松动变形,故对预埋件处防水密封提出了要求。预埋件锈蚀后,较难修复、替换,可能影响到主体构件的安全性。项目中可采用不锈钢、镀锌等不锈钢材料或采取其他有效的防腐措施。金属构件穿透保温层时,可采用预压膨胀密封带绕金属构件一周密封的方式将缝隙填实,并采用密封胶进行封堵。

5.3.4 密拼错缝处理可曲折渗漏水路径,避免接缝处水直接进入保温模板甚至室内。错缝宽度若偏大,保温模板与预制构件粘结力较难保障。

5.3.5 基层位置有变化、不连续的部位容易产生应力集中,抹面层易出现裂纹,附加玻纤网可更好地提高抹面层抗拉能力,避免开裂风险。

5.3.6 由于收缩和温差的影响,外墙抹面层设置分格槽可使应力集中于分格缝中,以避免抹面层裂缝的产生。结合多地的质量通病及项目经验,对分隔槽处提出了使用密封胶等防水抗裂材料处理的要求,以防止雨水沿着抹面层渗入墙体内部,对立面及保温产生不利的影响。

5.3.8 外窗框与墙体安装间隙的防水密封至关重要,如处理不当,容易发生渗漏,设置披水板在解决防水隐患的同时,还对保温层起到了有效的保护作用。对于披水板与窗框后连接的情况,缝隙应采用耐候密封胶封严,以防止间隙渗水。

5.3.9 伸出外墙的管道(如空调管道、热水器管道、排油烟管道等)由于安装的需要,管道和套管之间会有一定的空隙,雨水在风压作用下会浸入到空隙中,孔道上部顺墙留下的雨水也会渗入空隙中,进而渗入墙体或室内。因此,伸出外墙的管道应预留套管,管道和套管之间的空隙应封堵密实,封堵材料可采用发泡聚氨酯等保温材料,伸出外墙的管道周边应做好密封处理。

5.4 热工设计

5.4.2 本条规定了目前市场中常见的保温板(本标准第 4.2.5 条及其条文说明)的热工性能。确定修正系数时,考虑了保温板的体积吸水率可能达到 10%(参见表 4.2.5-3),以及系统采用不锈钢锚固件对传热的影响。

5.5 锚固件设计

5.5.1 对地震设计状况,仅进行多遇地震作用下的验算;对设防地震和罕遇地震作用,通过考虑锚固件的承载力分项系数、保证锚固件材料的断后伸长率及锚固构造等,实现锚固件破坏具有一定延性和保温层在罕遇地震作用下不发生整体脱落的目的。

保温层与基层墙体之间的粘结强度一旦失效或严重退化,会造成保温层及外抹面层坠落伤人、伤物,对于高层建筑危害性更大。目前针对保温板与基层墙体之间粘结强度的耐久性虽然已做过一些实验室模拟试验,但没有经过长时间的考验,因此本标准的制定思路是设置两道防线保障系统安全,第一道防线是保温板与基层墙体之间的粘结,在制作、运输、安装及使用阶段持久设计状况中,保温板与基层墙体之间粘结强度必须满足要求;第二道防线是在使用阶段持久设计状况下,考虑到保温板与基层墙体之间的粘结可能随时间退化甚至失效,因此在不考虑保温板与基层墙体之间的粘结强度极端情况下,锚固件在荷载作用下的承载能力也满足要求,这也使锚固件的受力更加明确、简洁、安全。

5.5.2 预制反打保温外墙系统是建筑物的外围护构件,主要承受自重、直接作用于其上的风荷载和地震作用。锚固件作为系统第二道防线中的一个重要构件,主要是承受作用在保温层和抹面层上的荷载和作用。

5.5.4 锚固件的抗拔主要包括三方面的内容:一是锚杆锚固在混凝土基层墙体中的抗拔承载力,与锚固深度有关,根据已有试验结果,锚杆在混凝土基层墙体中的锚固深度满足本标准要求时,其抗拔承载力比锚固件与保温板的反向抗拔力和尾盘与锚杆抗拉承载力大很多,因此一般不需要验算。二是锚固件本身的抗拉承载力,这与锚杆直径和尾盘与锚杆的连接等有关,其中尾盘与锚杆的连接是相对薄弱部位,因此应进行验算。三是锚固件与保温板的反向拉拔承载力,它和保温板的材料性质、厚度,以及锚固件尾盘的厚度、直径等因素有关,这往往是系统中起控制作用的薄弱环节,因此需要进行验算。

由于锚固件采用的是不锈钢金属材料,金属锚固件的抗剪承载力一般要大于保温板的局部承压力,因此一般情况下可只验算保温板的局部承压力。

5.5.5 上海属于夏热冬冷地区,保温外墙的温度效应不容忽视。虽然目前还缺乏相应的材料性质数据和试验数据,但根据估算,由于温度效应,在保温层与基层墙体之间的最大剪应力可能大于 0.1 MPa。由于在荷载效应基本组合设计值计算时如考虑温度荷载效应的影响会使计算很复杂,缺乏实用性,因此本标准对保温层与基层墙体之间的粘结强度提出了更严格的要求,相当于间接考虑了温度效应的影响。

5.5.6 预制反打保温外墙系统和连接节点上的作用与作用效应的计算,均应按照现行国家标准《建筑结构可靠性设计统一标准》GB 50068、《建筑结构荷载规范》GB 50009 和《建筑抗震设计规范》GB 50011 的规定执行。同时应注意:

1 当进行持久设计状况下的承载力验算时,预制反打保温外墙系统仅承受平面外的风荷载;当进行地震设计状况下的承载力验算时,除应计算预制反打保温外墙系统平面外水平地震作用效应外,尚应分别计算平面内水平和竖向地震作用效应。

2 计算重力荷载效应值时,除应计入预制反打保温外墙系统自重外,尚应计入依附于预制反打保温外墙系统的其他部件和材料的自重。

3 计算风荷载效应标准值时,应分别计算风吸力和风压力在预制反打保温外墙系统及其连接节点中引起的效应。

5.5.8 考虑施工过程中因施工偏差经常出现的薄抹灰面层增厚、不均匀等情况,通过设置施工影响系数放大薄抹灰面层的重力荷载标准值。

5.5.9 外墙保温层和抹面层的地震作用是依据现行国家标准《建筑抗震设计规范》GB 50011 对于非结构构件的规定制定,并参照现行行业标准《预制混凝土外挂墙板应用技术标准》JGJ/T 458、《玻璃幕墙工程技术规范》JGJ 102 的规定,对计算公式进行了适当简化。

5.5.10 锚固件的挠度控制是为了避免在使用阶段保温层发生影响正常使用的竖向位移变形。在竖向位移计算时,应取最不利受力位置处的连接件,将其从属面积内的保温板、薄抹灰面层等荷载等效为集中荷载作用于保温层外侧连接件悬挑端部,按照标准组合进行挠度计算,不考虑保温板与基层墙体之间的粘结作用。根据本标准锚固件布置的要求,在多数情况下,当保温板厚为 50 mm 和 100 mm 时,锚杆直径 6 mm 和 8 mm 的锚固件顶端挠度基本满足要求。

5.5.11 锚固件是预制反打保温外墙系统中的重要构件,在房屋使用过程中如出现保温板与混凝土基层墙体的粘结老化或失效,应确保保温板及抹面层不会坠落毁物伤人。因此,锚固件的承载能力和耐久性应满足房屋设计工作年限要求。随着建筑物高度的增加,外墙上的荷载作用也会随之增加。而根据锚固件在保温板上反向拉拔试验结果,反向拉拔力与保温板的厚度、锚固件尾盘的厚度及直径相关。因此,为了保证锚固件能够正常工作,本条对锚固件的锚杆、尾盘等尺寸提出了相应要求。

5.5.12 预制反打保温外墙系统中锚固件的布置方法和间距与保温板的抗压和抗拉强度、弹性模量、厚度、锚固件尾盘的直径等参数有关。对于材料强度高、弹性模量大、厚度大的保温板,锚固件布置时的边距和间距相对也可以大一些,但应满足保温板及抹面层在规定工作年限内不会坠落的要求,以及在正常使用状态下不会发生超过规定变形的要求。

5.5.13 在预制反打保温外墙系统设计时,宜采用 BIM 技术对保温板的排布进行优化,尽量采用大块保温板以减少拼缝、增加过多的锚固件。对于板顶布置保温板时,由于不需考虑保温层重力的影响,故锚固件的数量和锚杆直径可以相对减少,但仍需考虑在生产和使用过程中保温板的贴合稳定。对于保温外墙墙板边缘独立保温板(即该保温板不是在墙板边缘),由于被周围其他保温板包围,其受力状况要好一些,故在锚固件的布置要求上可以适当放松。

5.5.14 墙边缘保温板的受力相对比较复杂,而且边缘保温板过小,在墙板安装时容易受到损坏,且也不利于锚固件的布置。因此,在预制墙板施工前需要考虑保温板的合理排布,尽量采用大尺寸保温板;如果无法避免,也应尽可能把尺寸比较小的保温板排放在墙板中部。

5.5.15 锚固件在混凝土基层墙体中的拉拔力与锚固长度成正比,较长的锚固长度会给预制墙板的施工带来困难,也很难保证锚固件在预制墙板施工时不走位晃动;而较短的锚固长度可能只是锚固在混凝土保护层内,受力性能很难保证,耐久性也较差。从锚固件在混凝土基层墙体中的拉拔试验结果来看,当锚固深度不小于 50 mm 时,其拉拔力一般是锚固件在保温板上反向拉拔力的 1.5 倍以上,故本条对锚固深度作了相对比较适中的规定。

6 制作与运输

6.1 一般规定

6.1.3 以单个工程项目为单位,构件生产企业需对主要受力构件(剪力墙板、梁、柱、楼板等)及异型构件(外形非对称、非平板类构件等)的首个构件生产进行组织验收,并留存相应验收资料。

6.2 原材料与配件

6.2.1 生产企业应对进厂原材料进行质量检验或查验产品质量合格证等。

6.2.2 查验保温板生产企业提供的出厂检验报告,并对重要的性能指标进行复检。保温板的性能指标,生产企业实验室具备试验条件时,可自行检验,否则应委托第三方检测机构检验。

6.2.3 查验锚固件生产企业提供的出厂检验报告,并对重要的性能指标进行复检。锚固件的锚杆直径与长度、尾盘直径与厚度,应自行检验;尾盘抗拉承载力,生产企业实验室具备试验条件时,可自行检验,否则应委托第三方检测机构检验。

6.3 制 作

6.3.1 混凝土浇筑前状态的半成品的隐蔽工程验收,参见第 6.3.7 条要求;首件成品的质量应按照第 6.4 节所要求的项目进行检验合格。

6.3.4 锚固件与混凝土的锚固性能是影响预制反打保温墙板安

全性能的重要因素之一。为了保证锚固件的安装质量,在墙板制作过程中锚固件应按设计要求进行布置。在保温板上的打孔位置,即为锚固件的预埋位置,故打孔位置应根据设计文件中锚固件的位置进行确定。打孔直径应小于锚固件直径,以确保锚固件不松动、不滑脱。

6.3.5 混凝土容易通过保温板拼缝进入保温层形成冷热桥,应在保温板拼缝处注入发泡聚氨酯等来避免混凝土进入保温板缝隙。

6.3.6 因保温板承载能力有限,对上层钢筋骨架应采用吊挂方式来确保钢筋保护层厚度,避免因垫块陷入保温材料导致钢筋保护层达不到要求。同时,应避免钢筋保护层垫块与锚固件位置的重叠。

6.3.12 避免保温板发生损坏,应采用专用设备进行翻转,不应采用吊环进行翻转。

6.4 出厂检验

6.4.1 本条为制品出厂合格检验要求,即制品达到本条要求时方可出厂。制品在制作过程中的缺陷项目要求,已在本标准第 6.3.13 条和 6.3.14 条中规定。

6.5 存放和运输

6.5.4 预制反打保温墙板的主体墙板为主要受力部位,如果存放和运输时垫木设置不当,容易导致墙板开裂或锚固件受损。

6.5.5 预制反打保温墙板在存放和运输过程中应采取覆盖塑料膜或油布等防雨措施,其目的是控制预制反打保温墙板中混凝土和保温板的含水率,避免预制反打保温墙板在使用过程中产生干燥收缩开裂以及保证预制反打保温墙板的热工性能。

7 施 工

7.1 一般规定

7.1.4 预制反打保温外墙系统中的保温板若长时间处于干湿、冷热循环、大气雨水光照侵蚀以及表面污染等暴露环境,可能会导致保温板老化,对其材料性能产生影响。耐候性保护措施包括但不限于首道抹面胶浆覆盖、涂刷界面剂等。对于采用落地或悬挑脚手架等非提升式脚手架的,可在外立面基层分段验收后进行首道抹面层施工;对于采用爬升式脚手架等提升式脚手架的,可在操作平台提升前完成首道抹面层施工。

7.1.5 预制反打保温外墙系统的接缝防水构造、窗边构造、预制与现浇结合部位构造、防护层构造等节点较多,为确保施工质量,工程各方应采取样板试验制度。

7.3 预制反打保温墙板安装

7.3.2 预制反打保温外墙系统的防护层大多采用薄抹灰+涂料饰面形式,对建筑外立面基层的平整度与垂直度提出了很高要求。保温基层的平整度与垂直度受保温板厚度、结合部位施工精度等因素影响较多,在实际施工过程中,除利用内部轴线控制外,应同时在外立面建立校核纠偏机制。

7.3.3 当预制反打保温外墙底口保温板与混凝土齐平时,墙板吊装前应重点检查水平接缝外侧的封堵效果。若漏浆进入保温层拼缝形成冷热桥,将影响防水质量。

7.4　结合部位施工

7.4.2　可通过粘贴胶条或打发泡剂等防漏浆措施来避免现浇部位混凝土进入保温板缝隙,形成冷热桥。

7.6　防护层施工

7.6.2　当保温模板与抹面胶浆的拉伸粘结强度,由于施工周期等各种因素受到影响时,宜采用界面剂处理,以增强二者之间的粘结强度。应用界面剂后,不应降低而应增强保温模板与抹面胶浆的粘结,并达到设计强度。

7.6.3　样板抹面施工时如采用了界面剂,则后续施工时也应使用界面剂。

7.6.5　抹面层平均厚度不应超过 8 mm,施工时应至少分 2 道施工,考虑到现场施工原因,允许施工偏差可达到(－3 mm,＋5 mm)。施工中如发现抹面层平均厚度难以满足设计要求时,经设计确认后,可采取合理设置水平分隔缝(见本标准第 5.3.6 条)或建筑水平腰线等措施,以控制抹面层厚度。当抹面层平均厚度超过设计厚度时,应采取增设加强网、锚固等构造措施,并经设计确认。

首道抹面层施工可作为耐候性保护措施时,对于采用落地或悬挑脚手架等非提升式脚手架的,可在外立面基层分段验收后进行首道抹面层施工;对于采用爬升式脚手架等提升式脚手架的,应在操作平台提升前完成首道抹面层施工。

8 质量验收

8.1 一般规定

8.1.1 预制反打保温外墙系统工程质量验收应符合现行国家标准《建筑工程施工质量验收统一标准》GB 50300、《混凝土结构工程施工质量验收规范》GB 50204、《混凝土结构工程施工规范》GB 50666、《建筑节能工程施工质量验收标准》GB 50411、《建筑节能与可再生能源利用通用规范》GB 55015、现行行业标准《装配式混凝土结构技术规程》JGJ 1、《钢筋套筒灌浆连接应用技术规程》JGJ 355 及现行上海市工程建设规范《装配整体式混凝土结构施工及质量验收规范》DGJ 08—2117、《建筑节能工程施工质量验收标准》DG/TJ 08—113 等的有关规定。

8.4 预制反打保温外墙系统验收

8.4.6 每个检验组的抹面层厚度平均值应不大于 8 mm,每个测点检验值允许偏差(−3 mm,+5 mm)。